微分方程式
物理的発想の解析学

中西 襄 著

SCIENCE PALETTE

丸善出版

まえがき

　本書は，タイトルが『微分方程式』となっているが，微分方程式を深く論ずる数学書でも，微分方程式を初歩から勉強するための教科書でもないことをはじめにお断りしておく．筆者の専門は素粒子物理学で，ずっとその数理物理学的研究に携わってきた．数学は研究対象というより，そのユーザーである．それゆえ，数学的記述には厳密性に欠けるところがあるかもしれないが，その辺は大目に見ていただきたい．本書は気楽に読んでいただけることをモットーとしている．

　数学は厳密性を貫ぶ．もちろんそれは大切なことだ．しかし漱石風にいえば，「厳密性を通せば窮屈だ」．18世紀のオイラー流の数学は，気楽だった．うるさいことをいわずに，数学的真理の本質にズバリ迫っていった．ところがやがて数学をあまり野放図にやっていると，とんでもない矛盾がでてくることに気がついた．数学の客観性が失われたのでは困る．そこで19世紀，コーシーらに始まる近代解析学が台頭する．あの，悪名高い(?)「ε-δ 法」の登場だ．あまり数学が得意でない学生は，「どんな $\varepsilon > 0$ が与えられても，$\delta > 0$ を $\cdots$ のように選べば $|\cdots| < \varepsilon$ にできる」というのがでてくると，もうわからなくなる．等式を証明するのに，やたらと複雑な不等式が必要になるのは厄介

な話だ．$A = B$ という等式ならば，A の側からも B の側からもひねくりまわしていけるし，使える手段も限られている．ところが不等式というやつは曲者だ．何が本質的に重要なのかを常に気をつけていないと，どうしたらうまくいくのかわからなくなってしまう．

物理学者は今でも 18 世紀流の数学の愛好家だ．物理学の理論を構成するのに，数学的厳密性はかえって災いのもとになることが多い．「電磁場の量子論の厳密な定式化ができました．その結果，電荷は存在しないことが厳密に証明されました．」というような事態になるのである．厳密な理論を構成するためには，数学的にきちんと定義できる概念と数学的に定式化できる仮定の導入が不可欠である．ところが物理的な考察だけからは，それがどのようなものなのかあらかじめわからない．したがって，既成の数学理論が使えるように，適当に設定することになる．だが適当に導入した数学的設定が，理論を展開していくうちに物理としてとんでもない結論を導いてしまうことが起こるのである．だから，物理理論の数学的厳密化は，正しい物理的内容がどのように定式化されるべきかがすっかりわかってからなされるべきなのだ．このとき，それは既成の数学理論で間にあうとは限らない．むしろそこから新しい数学が芽生えてくることが期待されるのである．

ニュートン以前の物理学は，いってみれば，幾何学に時間を付け加えただけのようなものだった．ニュートンの力学 3 法則は，それを今日の形に定式化したのはニュートン自身ではないそうだ．しかしそんなうるさい歴史的考証はさておき，第一原理から微分方程式をたて，それを適当な初期条件のもとで解くことにより，天体の運行から日常経験するさまざまな物体の運

動まで，すべてが統一的にそして正確に記述できるようになったのは，まさに驚嘆すべきできごとであった．ここにおいて初めて物理学らしい物理学が成立したといえる．そしてその後の物理学は，ニュートン力学を範として発展した．ほとんどの物理理論，すなわち流体力学，熱力学，光学，電磁気学，一般相対論，量子力学，素粒子物理学などは，基礎方程式としての微分方程式系から出発する．そうではないものとしては，統計力学とか結晶格子や相転移を扱う物性理論などがあるが，これらはより基本的な理論を多体系に適用して導かれたものと考えられる．微分方程式と物理学は切っても切れない深い関係にあるといえる．

『微分方程式』というタイトルの本書を手にとる読者は，もちろん微積分学についての知識がまったくないということはないであろう．しかし第1章では，一応順序として微積分学の基礎的な事柄を復習することから話を始める．たんに教科書的説明の抜粋みたいなのでは面白くないであろうから，普通とはちょっと違った角度から眺めてみたい．そして，解析関数論や超関数論のようなもう少し程度の高い理論をもかじってみることにする．第2章では，微分方程式とその解き方について解説する．数学的厳密性や具体的問題の詳しい計算は避けて（ただし他書にはないと思われる「多重振り子」と「鎖振り子」だけは少し詳しく解説した），全般的に微分方程式でどういうことが論じられているのかを概観する．第3章では，他書にはない異端的な話題を取り上げる．筆者が挑戦した問題でまだちゃんとした厳密な理論ができていないものも含まれる．研究の現場を垣間見る気持ちで読んでいただければよい．あとがきでは，筆者の研究の主要なテーマであった重力場の量子論およびその微分方程

式との関連について簡単に紹介する．

　本書は丸善出版(株)企画・編集部の三崎一朗氏のお勧めに従って執筆したものである．原稿の書き方から本としての仕上げまで一貫してお世話いただいた．ここに深く感謝する．一方で「初等的なことから丁寧に説明する」，「できるだけ雑談も交える」という要請，他方で「数式の論理的なつながりを端折らないで明確にする」，「他書にはない話題もとりあげる」という要請を，シビアなページ数制限のもとで実現することはほとんど不可能に近い．三崎氏には必ずしもご満足いただけなかったのではないかと思うが，ご容認していただいた．

　北海学園大学名誉教授の世戸憲治氏には，氏との共著論文の内容と氏が作成した図を転載する許諾をいただいた．また作成した本書の原稿を精読，有益なご指摘をいただいた．世戸氏に深く感謝する．

2016 年 10 月

中 西　　襄

目 次

第1章 微積分学入門　1

1 初等関数のおさらい　1
多項式/代数関数/指数関数と対数関数/三角関数/初等関数の微分公式

2 関数とは何か　5
関数の定義/連続関数

3 微分の定義　8
微分法/微分の商と導関数の違い/偏微分と全微分

4 ライプニッツ規則　11
微分の基本的性質/高階導関数/線形演算子

5 積分の定義　16
微分の逆演算としての積分の定義/積分公式/微分概念を用いない積分の定義/定積分に関する注意/微積分学の基本定理/積分表示は万能兵器

6 テイラー展開　23
テイラー展開の導出/初等関数のテイラー展開

7 オイラーの公式　27
複素平面/三角関数と指数関数の関係/対数関数の多価性

8 解析関数　29

正則関数—微分可能なら何回でも/コーシーの定理—1周する積分は0/コーシーの積分表示—解析関数の真骨頂/テイラー展開/一致の定理—「天賦の関数」/ローラン展開—特異点周りの展開/リーマン面—解析関数御用達の複素平面

9 ガンマ関数とベータ関数　37

ガンマ関数—複素数階乗/ベータ関数—しばしば現れる定積分/ガンマ関数の公式

10 超関数　43

デルタ関数—単位質量の質点の密度分布/シュヴァルツの超関数/極限と積分の順序交換の問題/デルタ関数とコーシーの積分表示/コーシーの主値/Y超関数/解析関数の境界値

第2章　微分方程式　55

1 微分方程式とは　55

ガリレイとケプラー，そしてニュートン/ニュートンの運動方程式/常微分方程式/任意定数/変換に対する不変性/微分方程式を解くさいの注意

2 1階微分方程式　64

現象論的モデル/変数分離型/同次スケール変換不変型/線形微分方程式/完全微分方程式/積分因子/非正規型微分方程式

3 高階微分方程式の解法　70

並進不変性がある場合/スケール変換不変性がある場合/積分因子

4 線形微分方程式　73

同次線形微分方程式/ロンスキアン—解の独立性/非同次線形微分方程式/非同次線形微分方程式の一般解/定数係数同次線形微分方程式

5 2階線形微分方程式　78

係数関数の基本解系による表示/確定特異点/級数展開による解法/決定方程式の2つの解が整数差の場合

6 特殊関数　86

超幾何微分方程式/超幾何関数/超幾何関数の積分表示/ルジャンドルの微分方程式/ルジャンドル多項式/ベッセルの微分方程式/ベッセル関数/ラゲールの微分方程式/ラゲール多項式

7 固有値問題　104

境界値問題/自己随伴微分方程式/スツルム・リューヴィルの理論/直交性の証明/完全直交系/フーリエ級数/直交多項式/多重振り子/鎖振り子

8 偏微分方程式　124

偏微分方程式について/2階同次線形偏微分方程式/ラプラシアンを含む方程式/2次元ラプラシアンの極座標への変換/3次元ラプラシアンの極座標への変換/波動方程式/連立偏微分方程式

第3章　微分演算子の解析学　135

1 演算子法　135

微分演算子の関数/ヘヴィサイドの演算子法/ラプラス変換/ミクシンスキーの理論/具体例

2 非整数階微分　145

複素数階微分/対数階微分/対数のべき乗階微分

3 非可換量を含む定数係数線形常微分方程式　151

ハイゼンベルク方程式/非可換量を含む線形代数方程式/記号法に関する注意/非可換量を含む線形常微分方程式/分離可能性の証明/非可換量を含む微分方程式の解

あとがき　169

コラム

1. 超関数の拡張と佐藤幹夫氏　53
2. 対称性と不変性　62
3. 微分方程式と特殊関数　102
4. 境界値問題とシュレディンガー方程式　110
5. フーリエ解析　113
6. 積分変換　141

参考文献案内　177
本書中の主な数学者・物理学者　181
索　引　183

第1章

微積分学入門

1 初等関数のおさらい

念のため初等関数に関する基本的な事実をまとめておく．よく知っている読者はスキップしていただきたい．

多項式

一番簡単な関数は多項式である．x の**多項式**とは，変数 x の自然数べき乗の定数倍の項をいくつか（有限個）と定数項を足し合わせた式

$$P(x) \equiv a_0 x^n + a_1 x^{n-1} + \cdots + a_{n-1} x + a_n \equiv \sum_{k=0}^{n} a_k x^{n-k} \tag{1.1}$$

のことである．$a_0 \neq 0$ ならば，n を多項式 $P(x)$ の**次数**とよぶ．右端の $\sum$ を使ったコンパクトな記法では，不定形になる $x = 0$ の場合をも含めて $x^0 \equiv 1$ と約束している．$\sum$ を使った式に慣

れることが重要なので，2つの書き方を併記した．多変数に関する多項式も同様に定義する．

代数関数

多項式の比で書ける関数を**有理関数**という．

x の負べき乗 x^{-n} は逆数 $1/x$ の正べき乗 $1/x^n$ である．また分子が 1 の分数べき乗 $x^{1/n}$ は，べき根 $\sqrt[n]{x}$ と同定できる．これにより，一般の有理数べきの意味が確定する．無理数べき乗や複素数べき乗を考えるには，指数関数に関する考察が必要である．無理数べき乗は指数関数の連続性によって決める．複素数べき乗は 7 節で述べるオイラーの公式によって与えられる．

2 変数の多項式 $P(x,y)$ について，方程式 $P(x,y) = 0$ の解[*1] y を x の**代数関数**という．x のべき根は代数関数だが，$P(x,y)$ が y について 5 次以上ならば，代数関数は必ずしも四則演算とべき根とだけでは表せない．代数関数でない関数（例えば指数関数や三角関数）を**超越関数**という．

なお，一般に y をあらわに x で表さずに，方程式の解として定義する関数を**陰関数**という．上述のように，代数関数の一般的な定義は陰関数として与えられる．

指数関数と対数関数

べき乗は加法定理 $a^p a^q = a^{p+q}$ とべき乗則 $(a^p)^q = a^{pq}$ を満たす[*2]．これらは p, q が有理数のとき確かめられるが，連続

[*1] 以前は「方程式の根」といっていたが，最近はべき根と区別するため「方程式の解」とよぶ．
[*2] 加法や乗法と異なり，べき乗は結合則を満たさないことに注意しよう：$a^{(p^q)} \neq (a^p)^q$．

性を使って実数の場合にも成立するように拡張できる．**指数関数**は，べき乗の指数のほうを変数と考えた関数である．x を実数としてその指数関数 a^x を定義するためには，何らかの極限操作が必要である．定義の仕方はいろいろあるが，通常の仕方は

$$\lim_{n \to \infty} \left(1 + \frac{x}{n}\right)^n \equiv e^x \equiv \exp x \tag{1.2}$$

である．e は (1.2) の $x = 1$ のときの値（$e = 2.71828\cdots$）で，**自然対数の底**または**ネイピアの定数**とよばれる．指数関数の逆関数を**対数関数**という．すなわち，$y = e^x$ のとき，$x = \log y$ である．$\log$（ln と表すこともある）を**自然対数**，通常は略してたんに対数とよぶ．$e^{\log a} = a$ なので，$a^x = e^{x \log a}$ である．この逆関数は $\log x / \log a$ であるが，初等数学では $\log_a x$ と書かれることも多い．以上ではすべて $a > 0$ を暗黙裡に仮定しているが，$a < 0$ の場合をも正しく含めるには，すべてを複素数に拡張しなければならない（7 節参照）．

三角関数

三角関数は，もともとは直角三角形の 2 辺の比を，底角の 1 つ（ラディアンで表し，θ と記す）の関数として定義したものであった．しかしこれでは $0 < \theta < \pi/2$（ただし $\pi = 3.14159\cdots$ は円周率[*3]）でしか意味がない．より妥当な定義は，直交座標系

[*3] 余談だが，円周率を表すのに使われるギリシャ文字のパイの書き順を知らない人が多いようだ．π は漢字のように上の横棒から書くのではなくて，下の足の方を先に書く．右足の先が反時計方向に曲がり，それが上の棒の左端の時計回りの曲りへと気持ちでつながっているわけだ．τ や λ も同様である．ついでにいっておくと，マルとシッポから成る字 β, δ, ρ, σ は，マルのほうからではなく，シッポのほうから書く．μ を一筆書きする人が多いが，これは M を書くのと同じように，左端の縦棒を上から書き，いったん筆を離して残りを書く．

における単位円の座標 (x, y) を極座標で表すとき，$x = \cos\theta$, $y = \sin\theta$, $y/x = \sin\theta/\cos\theta \equiv \tan\theta$ である．単位円の方程式 $x^2 + y^2 = 1$ は $\cos^2\theta + \sin^2\theta = 1$ となる．この定義から，余弦（コサイン）$\cos\theta$ と正弦（サイン）$\sin\theta$ が 2π を周期とする周期関数であることがわかる．ただし正接（タンジェント）$\tan\theta$ の周期は π になる．$\sin\theta$ と $\tan\theta$ は奇関数，$\cos\theta$ は偶関数である．$\theta = n\pi (n:整数)$ のとき $\sin\theta = 0$，また $\cos\theta = \sin(\pi/2 \pm \theta)$ という関係がある．三角関数の加法定理

$$\sin(\theta + \phi) = \sin\theta\cos\phi + \cos\theta\sin\phi,$$
$$\cos(\theta + \phi) = \cos\theta\cos\phi - \sin\theta\sin\phi \quad (1.3)$$

は，あとで見るように，指数関数の加法定理から導けるものである．

三角関数の逆関数を**逆三角関数**という．$\sin$ の逆関数は，arcsin または $\sin^{-1}$ と書く．他の逆三角関数についても同様．三角関数の周期性のため，逆三角関数の値は一意的に決まらない．$y = x^2$ の逆関数は 2 価だったが，逆三角関数は無限多価になる．

代数関数に指数関数，対数関数，三角関数，逆三角関数を組み合わせて構成できる関数を，**初等関数**という．初等関数では表せないが，応用上大切な関数はたくさん存在する．

初等関数の微分公式

微分については以下の節で詳しく説明するが，ここでは基本となる初等関数の微分公式をまとめておく．導出は既知と想定して省略する．

$$\frac{d}{dx}x^n = nx^{n-1}. \quad (1.4)$$

この式は n が非整数でも成立する．

$$\frac{d}{dx}e^x = e^x, \qquad \frac{d}{dx}\log x = \frac{1}{x}. \tag{1.5}$$

$$\frac{d}{dx}\sin x = \cos x, \qquad \frac{d}{dx}\cos x = -\sin x. \tag{1.6}$$

2 関数とは何か

関数の定義

前節では，関数[*4]とはどういうものかを定義しないで，感覚的に関数概念を暗黙裡に仮定していた．つまり，1個（または複数）の変数 x があり，それがとる値に応じて変数 y がとる値が計算できる数式が与えられたとき，その関係式のことを関数とよんでいるわけであった．これが18世紀流の関数の「定義」である．しかし，数式で表せるというのはどういうことなのか，意味が極めて曖昧である．極限操作を認めなければ，ほとんど有用な関数が定義できない．ところが極限操作を認めると，じつに予想外のヘンテコなものまで関数とよばなくてはならないということが明らかになってきた．そこで19世紀になると，逆に開き直って，なんでもかんでも写像を関数とよぶことになってしまったのである．「（空でない）集合 X と（数の）集合 Y が与えられたとするとき，任意の $x \in X$ に対してただ1つの $y \in Y$ が定まるならば，y を x の**関数**という．」つまり，写像 $f : x \mapsto y$ が関数 $y = f(x)$ なのである．しかしこれでは，**独立変数** x が連続的に変化していくとき，それに応じて**従属変**

[*4] 「関数」という表記は戦後当用漢字が施行されてからのもので，本来は「函數」もしくはその略字の「函数」と表記されていた．最近またリバイバルの風潮があるようだ．

数 y がどのように変わっていくのかという，われわれが「関数」といったときにイメージするものとはすっかり違ってしまう．じっさい例えば，もし x が離散的な値しかとらなければ，関数とはよばずにむしろ数列とよびたいだろう[*5]．x に関する連続性，すなわち x はてんでばらばらなものではなく，その近くとの関連においてとらえたいわけだ．数学の言葉でいえば「位相空間」の対応ということになるが，そんな小うるさいことは考えないことにしておこう．

上の関数の定義は，とてつもなく広すぎるが，他方関数の1価性を要求している点では狭すぎる．べき根や逆三角関数のような多価のものは関数ではなくなってしまうからだ．これらを関数とよぶためには，定義域を人為的に制限しなければならない．これでは，逆関数の逆関数がもとに戻らなくなってしまう．われわれが自然だとイメージしている関数，すなわち「天賦の関数」とでもよぶべきものは，あとで述べる「解析関数」なのだ．しかし，その理論を構築するためには，まず実関数の理論を構築しなければならない．残念ながら，実関数の理論の構築には，どうも人間臭い技巧が必要になる．

連続関数

物理でじっさい必要になる関数は，せいぜい有限個の連続関数をつなぎ合わせたようなものだ．いたるところ不連続な関数（例えば x が有理数なら $f(x) = 0$，無理数なら $f(x) = 1$ で定義される関数）などという人為的な関数は考えない．ただし **連続** とは，独立変数が少し変化したとき従属変数も少ししか変化

[*5] ただし解析学ではなく，数論では独立変数が整数という関数をよく考える．

しないということである．例えば 1 変数の場合について正確に述べると，ある区間内の $x = a$ と $x = a + h$ に対し，$|h|$ を十分に小さくしさえすれば，$|f(a+h) - f(a)|$ はいくらでも小さくできるということである．これを

$$\lim_{h \to 0} f(a+h) = f(a) \tag{2.1}$$

と書く．このとき，$f(x)$ は $x = a$ で連続であるという．

多変数の場合はこれをベクトル的にいえばよいが，各変数について連続でも全体として連続とは必ずしもいえないことに注意しなければならない．例えば，x, y それぞれについて連続な関数 $f(x, y) \equiv xy/(x^2 + y^2)$（ただし $f(0,0) = 0$）は，極座標で書くと $f = \cos\theta \sin\theta$ となって原点で 0 に近づかないから，不連続である[*6]．

いちいち x に特定の値を代入して書くのは面倒なので，「流通座標」といって変数 x のままで書いておく．また h は，その絶対値が小さいものだということを説明なしに暗示するため，Δx のように書く．そうすると，$\lim_{\Delta x \to 0} f(x + \Delta x) = f(x)$ ならば $f(x)$ は x で連続であるということになる．この場合，x をある区間内で動かしたものを想定でき，その区間における連続関数が定義できる．

なお，考えている範囲内で $|\Delta x|$ に対する制限が場所 x に無関係に設定可能ならば，その範囲で**一様連続**という．一様連続性は極限順序の交換可能性のための十分条件を与えるものとして，数学の本では重要視される．しかし，一様連続の概念の必要性はむしろ関数概念の定義の欠陥とみなせることを，10 節に

[*6] これが天賦の関数と違うところで，解析関数なら各変数について解析的ならば全体としても解析的になる（ハルトグスの定理）．

おいて示す．

3 微分の定義

微 分 法

ニュートンは瞬間における速度や加速度を定義するために微分の概念を導入した．時間の関数をグラフに描いたとき，その曲線の接線の勾配を**微分係数**（もしくは**微係数**）という．一方ライプニッツは，独立変数の微小変化に対する関数の変化の比率を考えた．その極限を**微分商**という．両者は同じものなのだが，この呼称ははからずも微分概念の2つの顔を象徴している．

初等関数のようにわれわれが普通に関数と考えている関数 $y = f(x)$ は，ほとんどの点で微分可能である．すなわち

$$\lim_{\Delta x \to 0} \frac{\Delta y}{\Delta x} \equiv \lim_{\Delta x \to 0} \frac{f(x + \Delta x) - f(x)}{\Delta x} \tag{3.1}$$

が存在する．もちろん，微分可能ならば連続であるが，逆は必ずしも成立しない．(3.1) を x の関数として考えるとき，$y = f(x)$ の**導関数**とよぶ．記法は y', $f'(x)$, dy/dx などいろいろある．独立変数が時間 t のときは，ニュートンに従い，$\dot{y}$ のように書く習慣も残っている．

微分の商と導関数の違い

dy/dx はライプニッツの記法である．(3.1) で極限をとっているから，本来これは dy と dx の商ではない．それにもかかわらず，あたかもこれが商であるかのような計算が行われるので，初学者を混乱させる．かつて筆者が高校一年生のとき独習した微積分学の本に次のような記述があった：「$dy \equiv (dy/dx)\Delta x$ と定

義する.とくに $y = x$ とおけば,$dx/dx = 1$ なので,$dx = \Delta x$ となる.これをもとの式に代入すると,$dy = (dy/dx)dx$ を得る.」特別の場合の式を一般の場合の式に代入してもよいのかな?どうも騙されたような気分になる.この式で微分商が本当に**微分**[*7] dy, dx の商になってしまった!本来 Δx や Δy は,小さいながらも 0 ではない数であったはずだ.これに対し,微分 dx, dy は**無限小**[*8]と称する特別な記号であって,具体的な数を代入できるものではないのである.1 つの式に現れる各項は,微分に関しては次数がそろっていなければならないが,Δ つきの量に関してはそんな制約はない.

導関数をさらに微分したもの,すなわち導関数の導関数を 2 階導関数といい,y'', $f''(x)$, d^2y/dx^2 などと記す.dx^2 は $(dx)^2$ の略記であって,d^2x とはまったく別物であることに注意しなければならない.つまり

$$\frac{d^2y}{dx^2} \equiv \left(\frac{d}{dx}\right)^2 y \tag{3.2}$$

なのである.x の 2 階微分 d^2x は,x が独立変数ならば $= 0$ である!しかし,もし x が別の変数の関数であったならば,もちろんそれを $= 0$ にはできない.念のため,このことを具体例で確認しておこう.

$y = x^2$ のとき,普通に 2 階導関数を計算すれば,$d^2y/dx^2 = 2$ である.しかし,x が独立変数でなくて,$x = t^2$ だったとする

[*7] 「微分する」という動詞は導関数をとることと同義なので混乱しないように!

[*8] 無限小とは何かと問われても「曰く言い難し」なのである.無限大や無限小をきちんと定義しようと思うならば,「超準解析」を勉強しなければならない.なお,「微分形式」の理論では,dx は「グラスマン数」すなわち反可換な量と考えるので,大きさは原理的に定義不可能である.

と，$y = t^4$ である．したがって，$dy = 4t^3 dt$ だから，t が独立変数ならば $d^2y = 12t^2(dt)^2$ となる．$dx = 2tdt$ なるゆえ，

$$\frac{d^2y}{(dx)^2} = \frac{12t^2(dt)^2}{(2tdt)^2} = 3 \tag{3.3}$$

となり，$\neq 2$ である．不一致の原因は，最初の計算が，微分で書いたときには $d^2x = 2(dt)^2$ を捨てたことに相当しているからである．微分を使って書いた式は必ずしも導関数だけの式に直せないのだ．

偏微分と全微分

このあたりの事情をもう少しすっきりさせるために，偏微分の記号を導入しておこう．**偏微分**とは，複数の独立変数がある場合，他の変数を定数と思って特定の1変数に関する導関数を考えることである．例えば，$y = f(x, u)$ とするとき，x に関する偏微分，つまり u を固定したときの x に関する微分を $\partial y/\partial x$ と書く．ちょっとの間，他の変数がない場合にも偏微分の記号を使わせてもらうことにする（他の変数の集合が空集合だと思えばよい）．このとき微分を表す式は

$$dy = \frac{\partial y}{\partial x} dx \tag{3.4}$$

となる．微分はいつでも dx や dy のように書く．なぜなら，それは他の変数の存在に関係がないものだからだ．だが単独の ∂x とか ∂y とかいうものはない！偏微分は独立変数のセットを指定しなければ意味がないからである[*9]．偏微分記号 ∂ は導関数

[*9] 熱力学では，状態方程式で結びついている温度，圧力，体積のうちの2つを独立変数として使うので，偏微分には必ずもう1つの独立変数として何をとったかを指定しておかなければならないことを思い起こそう．

としてしか使わない．このような記法を用いれば，上のような間違いを犯さなくてすむ．

(3.4)において，もし dx を $X-x$ に，dy を $Y-y$ に置き換えれば，それは (X,Y) 座標に関して点 (x,y) における接線の方程式になる．これを多変数の場合に拡張すると，**全微分**の概念に到達する．曲面 $z=f(x,y)$ が点 (x,y) において接平面をもつならば，全微分

$$dz = \frac{\partial f}{\partial x}dx + \frac{\partial f}{\partial y}dy \tag{3.5}$$

が存在し，dx を $X-x$ に，dy を $Y-y$ に，dz を $Z-z$ に置き換えれば接平面の方程式になる．じつは，(3.5) は次のように書いたほうが自然なのだ：

$$df = \left(dx\frac{\partial}{\partial x} + dy\frac{\partial}{\partial y}\right)f. \tag{3.6}$$

f は全微分可能だったら何でもよかったので，これを両辺から外してしまうと，形式的に

$$d = dx\frac{\partial}{\partial x} + dy\frac{\partial}{\partial y} \tag{3.7}$$

という関係式が得られる．さらに，(3.7) の右辺は，横ベクトル (dx, dy) と縦ベクトル ${}^t(\partial/\partial x, \partial/\partial y)$（左端の t は転置，すなわち縦と横の入れ替えを表す）との内積とみなせる．このとらえ方は n 次元に拡張できる．

4 ライプニッツ規則

微分の基本的性質

微分演算は**線形演算**である．すなわち，**一次結合**[*10]の導関数

は導関数の一次結合に等しい．式で書けば，a, b を定数，$f(x)$, $g(x)$ を x の関数とするとき，

$$\frac{d}{dx}\bigl(af(x)+bg(x)\bigr) = a\frac{df(x)}{dx} + b\frac{dg(x)}{dx} \tag{4.1}$$

が成り立つ．

関数の積に対しては，**ライプニッツ規則**

$$\frac{d}{dx}\bigl(f(x)g(x)\bigr) = \frac{df(x)}{dx}g(x) + f(x)\frac{dg(x)}{dx} \tag{4.2}$$

が成立する．

さらに，関数の関数に対する微分公式

$$\frac{d}{dx}f\bigl(g(x)\bigr) = \frac{dg(x)}{dx}\frac{df\bigl(g(x)\bigr)}{dg(x)} \tag{4.3}$$

がある．これは，形式的に右辺の $dg(x)$ を「約分」したら得られる式 (1 階微分についてはこの形式的演算はつねに OK である) であるが，非常に強力な公式である．例えば $(d/dx)(1/x) = -1/x^2$ であるから，(4.3) で $f(x) = 1/x$ とすると，

$$\frac{d}{dx}\left(\frac{1}{g(x)}\right) = -\frac{1}{[g(x)]^2}\frac{dg(x)}{dx} \tag{4.4}$$

となる．これとライプニッツ規則 (4.2) とを組み合わせると，商の微分の公式

$$\frac{d}{dx}\left(\frac{f(x)}{g(x)}\right) = \frac{\frac{df(x)}{dx}g(x) - f(x)\frac{dg(x)}{dx}}{[g(x)]^2} \tag{4.5}$$

が得られる．

陰関数 $f(x,y) = 0$ の微分に関しては，全微分の式 (3.5) で $z = 0$ とおくと，

[*10] (前頁の脚注)「一次結合」とは係数を乗じて和をとるということである．例えば n 次元ベクトルの一次結合は n 次元ベクトルである．

$$0 = \frac{\partial f}{\partial x}dx + \frac{\partial f}{\partial y}dy \tag{4.6}$$

であるから,

$$\frac{dy}{dx} = -\frac{\partial f/\partial x}{\partial f/\partial y} \tag{4.7}$$

を得る.

高階導関数

以上の諸公式を用いると,基本的な関数の導関数を知っていれば,それを組み合わせて構成される関数の導関数はすべて計算できる.これが,次節で述べる積分との大きな違いである.$y = f(x)$ の導関数の導関数も,そのまた導関数,…も計算できる.n 階の導関数は $y^{(n)}$, $f^{(n)}(x)$, $d^n y/dx^n$, $(d/dx)^n f(x)$ などと記す.

ライプニッツの公式 (4.2) を繰り返し適用すると,

$$\frac{d^2}{dx^2}\big(f(x)g(x)\big) = \frac{d^2 f(x)}{dx^2}g(x) + 2\frac{df(x)}{dx}\frac{dg(x)}{dx} + f(x)\frac{d^2 g(x)}{dx^2},$$

$$\frac{d^3}{dx^3}\big(f(x)g(x)\big) = \frac{d^3 f(x)}{dx^3}g(x) + 3\frac{d^2 f(x)}{dx^2}\frac{dg(x)}{dx}$$
$$+ 3\frac{df(x)}{dx}\frac{d^2 g(x)}{dx^2} + f(x)\frac{d^3 g(x)}{dx^3},$$

……

$$\tag{4.8}$$

などとなり,一般形は

$$\frac{d^n}{dx^n}\big(f(x)g(x)\big) = \sum_{k=0}^{n} {}_n C_k \frac{d^{n-k} f(x)}{dx^{n-k}} \frac{d^k g(x)}{dx^k} \tag{4.9}$$

である.ここに ${}_n C_k \equiv n!/(k!(n-k)!)$ は組み合わせの数,すな

わち2項係数である．なぜここで2項係数が現れるのかは，次のように考えると納得できるであろう．ライプニッツ規則 (4.2) を

$$\left(\frac{\partial}{\partial x} + \frac{\partial}{\partial x'}\right)\bigl(f(x)g(x')\bigr)\Big|_{x'=x} \\ = \left(\frac{\partial f(x)}{\partial x}g(x') + f(x)\frac{\partial g(x')}{\partial x'}\right)\Big|_{x'=x} \quad (4.10)$$

のように書き直してみる．そうすると n 階導関数は

$$\left(\frac{\partial}{\partial x} + \frac{\partial}{\partial x'}\right)^n \bigl(f(x)g(x')\bigr)\Big|_{x'=x} \quad (4.11)$$

となるから，2項定理が使えるわけだ．

線形演算子

上で見たように，$\partial/\partial x$ は微分演算であるけれども，数と同じように扱うと便利なことが多い．一般にこういう演算操作をやることを計算の対象としてとらえたい場合，それを**演算子**という．数学者は**作用素**とよぶほうが好きだが，本書では演算子とよぶことにする．とくに (4.1) のように線形性がある場合，**線形演算子**という．一番簡単な線形演算子の例は，「特定の数を乗ずる」という演算子である．

ライプニッツ規則を満たす線形演算子を，一般に**デリヴェーション**という[*11]．もちろん微分演算子はデリヴェーションだが，他にもデリヴェーションは存在する．何でもよいから交換則を満たさない線形演算子の代数を考えよう．行列をイメージしてもよいが，別に行列と限定しなくて構わない．何かしら線形演算子 A, B があって，AB と BA が等しくないとするのである．そこで，

[*11] derivation. 和訳は何というのか知らない．

$$[A, B] \equiv AB - BA \tag{4.12}$$

とおいて，これを**交換子**とよぶ．A を特定のものに固定し，B のほうをいろいろ変えることを考える．つまり B をいわば変数 X とし，$[A, \cdot]$ を演算子だと思うわけだ．そうすると，

$$\begin{aligned}[A, XY] &= AXY - XYA \\ &= AXY - XAY + XAY - XYA \\ &= [A, X]Y + X[A, Y]\end{aligned} \tag{4.13}$$

だから，ライプニッツ規則を満たしていることがわかる．この事実は，量子論の基礎方程式であるハイゼンベルク方程式にとって決定的に重要なことなのである．

上で注意したように，たんに x を乗ずるという演算も，デリヴェーションではないが，線形演算子を定義する．この演算子は x そのものではないが，通常同じ記号 x で表す．つまり，$f(x)$ を関数とするとき，演算子 x は $f(x)$ を $xf(x)$ に変える．この演算子と微分演算子 $\partial/\partial x$ は可換ではない，すなわち順序を変えると異なるものになる．じっさい，ライプニッツ規則により，

$$\frac{\partial}{\partial x}(xf(x)) = f(x) + x\frac{\partial}{\partial x}f(x) \tag{4.14}$$

となる．これを交換子を使って

$$\left[\frac{\partial}{\partial x}, x\right]f(x) = f(x) \tag{4.15}$$

と書くことができる．$f(x)$ は微分可能ならばどんな関数でもよいから，これを省いてしまうと，

$$\left[\frac{\partial}{\partial x}, x\right] = 1 \tag{4.16}$$

という演算子に関する関係式が得られる．交換子を既知な量で

表す式を，一般に**交換関係**という．(4.16) という交換関係は，量子論の波動力学の基礎方程式であるシュレディンガー方程式の基礎となる重要な式である．

5 積分の定義

積分は，微分の場合よりもさらに明白に異なる2つの顔をもっている．このことをはっきり認識しておくことが必要である．第1の定義は微分の逆演算としての積分であり，第2の定義は関数のグラフをヒストグラムの極限と見たときの面積である．前者の立場では，積分が面積の計算に使えるということになる．他方後者の立場では，積分が微分の逆演算になっていることは「微積分学の基本定理」ということになる．

微分の逆演算としての積分の定義

まず，第1の立場で考える[*12]．$F(x)$ を微分したもの，すなわち $F(x)$ の導関数が $f(x)$ に等しいとき，前者を後者の**原始関数**もしくは**不定積分**といい，

$$F(x) = \int f(x)dx \tag{5.1}$$

と書く．定数の微分は 0，かつ定数でない関数の微分は 0 にならないので，$F(x)$ は付加定数の分だけ決まらない．この定数を**積分定数**といい，通常 C で表すが，これは特定の数を表すものではなく，不定の定数である．

数学者は，積分を (5.1) のように書くのがカッコイイと思っている．しかし物理では

[*12] 高校の教科書ではこの立場をとっているようだ．

$$F(x) = \int dx \, f(x) \tag{5.2}$$

のように書くのが普通だ．積分記号と dx とは一体のものなのだから，続けて書くほうが合理的であろう．じっさい，微分のさい，数学者でも導関数を $df(x)(dx)^{-1}$ のようには書かないわけだ．(5.2) のように表記するのは，実用的観点からいっても合理的なのである．数学ではあまりお目にかかることはないだろうが，物理では積分が何重にもなる累重積分が必要になる．積分する範囲の指定は通常積分記号のところにつけるので，(5.1) の記法に従って書くと，積分変数と積分範囲の対応関係が極めてわかりにくくなる．(5.2) の記法ならば，両者は常に続けて書かれているから，一目瞭然である．

積分公式

(1.4)〜(1.6) に与えた初等関数の微分公式を，積分形に改めるのはやさしい：

$$\int dx \, x^n = \frac{x^{n+1}}{n+1} + C \quad (n \neq -1). \tag{5.3}$$

$$\int dx \, e^x = e^x + C, \quad \int \frac{dx}{x} = \log x + C. \tag{5.4}$$

$$\int dx \, \cos x = \sin x + C, \quad \int dx \, \sin x = -\cos x + C. \tag{5.5}$$

4 節で述べたように，微分の一般規則は，線形性，ライプニッツ規則，関数の関数の微分公式があった．線形性はまったく問題なく積分にもそのまま受け継がれる．関数の関数の微分公式 (4.3) に対応する積分規則は変数変換規則である．すなわち $x = g(u)$

ならば，

$$\int dx\, f(x) = \int du\, \frac{dg(u)}{du} f(g(u)) \tag{5.6}$$

となる．これを積分計算に利用することを**置換積分法**という．例えば，(5.4) の第 2 式は，$x < 0$ のとき右辺の $\log x$ が実数にならなくて困るので，$x = -x'$ という置換積分をすると左辺は同形に保たれるから，

$$\int \frac{dx}{x} = \log |x| + C \tag{5.7}$$

という公式に拡張される．

さて，曲者はライプニッツ規則 (4.2) である．左辺は 1 項なのに，右辺は 2 項から成っている．そのため，逆演算の規則はうまくいかない．つまり

$$\int dx\, \frac{df(x)}{dx} g(x) = f(x)g(x) - \int dx\, f(x)\frac{dg(x)}{dx} \tag{5.8}$$

という具合に部分的にしか積分できないことになる．これを積分計算に利用することを**部分積分法**という[13]．このような中途半端な公式しか使えないために，積分計算は一般に非常に難しい．そしてじっさいこの事情により，初等関数の積分は必ずしも初等関数では表せないのである．例えば，

$$\int dx\, \frac{\log x}{1-x}, \quad \int dx\, e^{-x^2}, \quad \int \frac{dx}{\sqrt{1-x^4}} \tag{5.9}$$

は，それぞれ「ダイログ積分」，「ガウス積分」，「楕円積分」[14]とよばれるが，いずれも初等関数では表されないことが知られて

---

[13] 次に述べる定積分においては，(5.8) の第 1 項をしばしば「お釣りの項」とよぶ．それは積分の両端点でこの項が 0 になることを期待する場合が多いからである．

[14] 正確にいえば，楕円積分の最も簡単な例で，「レムニスケート積分」とよばれる．

いる．そこで開き直って，積分を新しい関数を定義する手段と見直すことにするわけだ．それぞれ，「ダイログ関数（スペンス関数）」，「誤差関数」，（逆関数をとって）「楕円関数」が定義される．

微分概念を用いない積分の定義

さて，第2の立場で積分を定義しよう．これにはいろいろな流儀があるが，最も代表的なのが**リーマン積分**である．定義はちゃんと書こうとすると少々複雑だが，次のようになる．

$f(x)$ を閉区間 $[a,b]$（を含む区間）で定義された x の関数とする．$a = a_0 < a_1 < a_2 < \cdots < a_n = b$ とし，区間 $[a,b]$ を n 区間 $[a_0, a_1], [a_1, a_2], \cdots, [a_{n-1}, a_n]$ に細分する．そして各区間 $[a_{k-1}, a_k]$ 内に任意に x_k を選ぶ．$\max_k(a_k - a_{k-1}) \to 0$（max は最大）になるように $n \to \infty$ としたとき，もし和

$$\sum_{k=1}^{n}(a_k - a_{k-1})f(x_k) \tag{5.10}$$

が，細分の仕方や x_k の選び方に無関係に一定の値に近づくならば，それを a から b までの**定積分**とよび，

$$\int_a^b dx\, f(x) \tag{5.11}$$

と書く．

ややこしいようだが，もし $f(x)$ が連続関数ならば，極限値は細分の仕方や x_k の選び方には無関係だから，要するにヒストグラムの面積の極限値を定積分と定義していることに他ならない．定積分は明らかに単純加法性

$$\int_a^b dx\, f(x) + \int_b^c dx\, f(x) = \int_a^c dx\, f(x) \tag{5.12}$$

をもつので，有限個の不連続点があっても問題ない．しかし無限個の不連続点があると病的な現象が現れる．そんな厄介な問題が起こらないように，各点の値のことはあまり気にしないで，「大勢」で面積を定義しようという流儀が**ルベーグ積分**である．ルベーグ積分は極限操作との順序交換がいつでも気兼ねなしにできるという有利なところがあるが，いいことづくめではなく，次に述べる異常積分はうまくいかない．

定積分に関する注意

定積分の定義は閉区間で行ったが，これを開区間に拡張するのが**異常積分**である．例えば，

$$\lim_{\varepsilon \to +0} \int_{a-\varepsilon}^{b} dx \, f(x), \quad \lim_{b \to \infty} \int_{a}^{b} dx \, f(x) \tag{5.13}$$

がそれぞれ存在すれば，それらをそれぞれ定積分

$$\int_{a}^{b} dx \, f(x), \quad \int_{a}^{\infty} dx \, f(x) \tag{5.14}$$

と定義する．異常積分はその定義に 2 回の極限操作を含んでいるので，これと別の極限操作との順序交換をするさいには十分な注意が必要である．

定積分は微分係数に対応する概念であって，本来は定数を与えるものである．そこで，導関数に対応する概念として，上限 b を変数 x に置き換えたものを考える．このとき，

$$\int_{a}^{x} dx \, f(x) \tag{5.15}$$

のようなズボラな記法を使う人が多いが，これは混乱を招くのでやめておいたほうがよい．積分変数は x と同じではないので，正しくは

$$\int_a^x dx'\, f(x') \tag{5.16}$$

と書くべきである．そうしないと，被積分関数の中に x が入っている場合に困ってしまう．

微積分学の基本定理

さて，単純加法性 (5.12) により，

$$\int_a^{x+\Delta x} dx'\, f(x') - \int_a^x dx'\, f(x') = \int_x^{x+\Delta x} dx'\, f(x') \tag{5.17}$$

である．両辺を Δx で割り，$\Delta x \to 0$ とすると，リーマン積分の定義 (5.10) と微分の定義 (3.1) から，

$$\frac{d}{dx}\int_a^x dx'\, f(x') = f(x) \tag{5.18}$$

を得る．これが**微積分学の基本定理**である．したがって，$f(x)$ の原始関数を $F(x)$ とすれば，

$$\int_a^x dx'\, f(x') = F(x) - F(a) \tag{5.19}$$

となる．積分定数は $x = a$ のとき左辺が 0 になることから，$-F(a)$ と固定された．

(5.19) により，定積分の計算は不定積分の計算に帰着されるわけだが，定積分の醍醐味は，上限，下限が特殊な値であると，不定積分が求まらない場合でもちゃんと計算できる場合があることだ．具体例は 9 節に与える．

積分表示は万能兵器

微分の場合，高階導関数というものがしばしば現れる．そし

て，それに対して一般化されたライプニッツ公式 (4.9) が成立した．それなのに，高階積分という言葉はあまり聞いたことがないであろう．なぜだろうか？じつは，それはすぐに 1 階積分に帰着できるからなのだ．じっさい，部分積分の公式 (5.8) を使うと，2 階積分は

$$\int_a^x dx' \int_a^{x'} dx'' \, f(x'')$$
$$= \int_a^x dx' \left[\frac{d(x'-a)}{dx'} \int_a^{x'} dx'' \, f(x'') \right]$$
$$= (x-a) \int_a^x dx' \, f(x') - \int_a^x dx' \, (x'-a) f(x')$$
(5.20)

のように 1 階積分で書ける．これを繰り返せば，n 階積分が 1 階積分で書けることは明らかであろう．

　これが積分の摩訶不思議なところである．以下でしばしば見られることだが，初等関数でない特殊関数を簡単な積分で定義もしくは表示することができる．またある種の性質をもつ関数全般を積分の形で一括して表すことができる．このようにいろいろな関数を積分の形で表すことを，一般に**積分表示**という．積分表示を使うとじっさいの計算に便利なばかりでなく，難しい定理の証明も直観的にわかりやすくできることが多い．のちに見るように，ある意味で微分することさえも積分表示できてしまうので，微分概念の拡張にも用いられる．このように，積分表示は解析学における万能兵器なのだ．

6 テイラー展開

テイラー展開の導出

閉区間で連続な関数は，次数を上げれば多項式でいくらでもよい近似ができる．それで，多項式の次数を無限大にする極限を考えれば，精確に一致させられるのではないかと期待できる．もちろんこれは無条件でというわけにはいかないが，以下で見るように初等関数を含む自然な関数（解析関数）ではそれが実現するのである．

ある区間で連続な関数は，その区間において C^0 級であるという．同様に，ある区間で n 回微分可能で n 階導関数が連続な関数は，その区間で C^n 級であるという．何回でも微分可能ならば，**C^∞ 級**という．のちに述べるように，解析関数は C^∞ 級であるが，逆は必ずしも成立しない．

$f(x)$ を，点 $x=a$ を内部に含む（微小）閉区間 $N(a)$ で C^∞ 級の関数であるとする．記号を変えて (5.19) を

$$f(x) = f(a) + \int_a^x dx_1\, f'(x_1) \tag{6.1}$$

と書き直す．(6.1) の x を x_1 に，x_1 を x_2 に，f を f' に置き換えると，

$$f'(x_1) = f'(a) + \int_a^{x_1} dx_2\, f''(x_2) \tag{6.2}$$

である．これを (6.1) に代入すれば，

$$f(x) = f(a) + f'(a)(x-a) + \int_a^x dx_1 \int_a^{x_1} dx_2\, f''(x_2) \tag{6.3}$$

となる．さらに，(6.1) の x を x_2 に，x_1 を x_3 に，f を f'' に置き換えた式を (6.3) に代入すると，

$$f(x) = f(a) + f'(a)(x-a) + f''(a)\frac{(x-a)^2}{2} \\ + \int_a^x dx_1 \int_a^{x_1} dx_2 \int_a^{x_2} dx_3\, f'''(x_3) \quad (6.4)$$

を得る．これを繰り返せば，

$$f(x) = f(a) + f'(a)\frac{x-a}{1!} + f''(a)\frac{(x-a)^2}{2!} + \cdots \\ + f^{(n-1)}(a)\frac{(x-a)^{n-1}}{(n-1)!} + R_n \quad (6.5)$$

となる．ただし，

$$R_n \equiv \int_a^x dx_1 \int_a^{x_1} dx_2 \cdots \int_a^{x_{n-1}} dx_n\, f^{(n)}(x_n) \quad (6.6)$$

と置いた．$f^{(n)}(x)$ は連続関数であるから，閉区間 $N(a)$ において $M_n \equiv \max|f^{(n)}(x)|$ が存在する．したがって，

$$|R_n| \leq M_n \frac{|x-a|^n}{n!} \quad (6.7)$$

と抑えられる．$n!$ はどんな一定数の n 乗よりも速やかに増大するので，もし M_n がある一定数の n 乗で抑えられるならば，$n \to \infty$ とした級数は**絶対収束**[*15]して，

$$f(x) = \sum_{n=0}^{\infty} \frac{f^{(n)}(a)}{n!}(x-a)^n \quad (6.8)$$

を得る．これを関数 $f(x)$ の $x = a$ における**テイラー展開**という．とくに $a = 0$ の場合

[*15] 各項の絶対値をとった級数が収束することを絶対収束という．この場合和の値は項の順序によらない．

$$f(x) = \sum_{n=0}^{\infty} \frac{f^{(n)}(0)}{n!} x^n \tag{6.9}$$

を**マクローリン展開**ともよぶが,とくに区別する必要はないであろう.一般に,(6.9) のように x のべき乗の級数を**べき級数**という.べき級数には**収束半径** R というものがあり,任意の $\varepsilon > 0$ に対し $|x| \leqq R - \varepsilon$ で絶対収束かつ**一様収束**[*16]する.このとき項別の微積分は自由にできることがいえる.

初等関数のテイラー展開

テイラー展開は n 階微分係数を計算すればよいだけだから,基本的な初等関数については容易に求まる[*17].一般べき乗の2項展開は[*18]

$$(1+x)^{\alpha} = \sum_{n=0}^{\infty} \frac{\alpha(\alpha-1)\cdots(\alpha-n+1)}{n!} x^n \tag{6.10}$$

で,収束半径は $R = 1$ である.ただし α が0または正の整数のときは和は有限で切れ,2項定理に帰着する.$\alpha = -1$ なら,

$$\frac{1}{1+x} = \sum_{n=0}^{\infty} (-1)^n x^n \tag{6.11}$$

である.これを項別に積分すると,

$$\log(1+x) = \sum_{n=0}^{\infty} (-1)^n \frac{x^{n+1}}{n+1} = \sum_{n=1}^{\infty} \frac{(-1)^{n-1}}{n} x^n \tag{6.12}$$

[*16] 収束する条件式が変数に依存しないことをいう.$\varepsilon \to 0$ にした開区間では一般に一様収束しない.
[*17] 無料のパソコン・ソフト Maxima を使えば,テイラー展開は一発で答えがでる(もちろんある有限次まで).
[*18] 右辺の $n=0$ の項は 1 とする.

を得る．指数関数と三角関数のうち正弦と余弦については，n 階微分係数が容易に計算できるから，

$$e^x = \sum_{n=0}^{\infty} \frac{1}{n!} x^n = 1 + x + \frac{x^2}{2!} + \frac{x^3}{3!} + \cdots, \tag{6.13}$$

および

$$\sin x = \sum_{n=0}^{\infty} \frac{(-1)^n}{(2n+1)!} x^{2n+1} = x - \frac{x^3}{3!} + \frac{x^5}{5!} - \cdots,$$
$$\cos x = \sum_{n=0}^{\infty} \frac{(-1)^n}{(2n)!} x^{2n} = 1 - \frac{x^2}{2!} + \frac{x^4}{4!} - \cdots \tag{6.14}$$

を得る．これらの収束半径は無限大である．

しかし，n 階の微分係数が簡単な一般式で与えられる場合というのは，むしろ稀である．そこで逆に，特別な性質をもつ一連の数 $\{\alpha_n\}$ を，既知と思える関数のべき級数の展開係数で与えることを考える．そのような関数のことを $\{\alpha_n\}$ の**母関数**という．n に関するあらわな一般式が書けないような $\{\alpha_n\}$ でも，母関数ならば簡単な式で書けることが多い．また，あらわな式が書ける場合であっても，母関数を用いたほうがたいていの場合計算が簡単になる．例えば，有名な**フィボナッチ数列** $\{1, 1, 2, 3, 5, 8, 13, 21, \cdots\}$ は漸化式 $a_{n+1} = a_n + a_{n-1}$ $(n \geqq 1)$, $a_0 = a_1 = 1$ で定義されるが，母関数は $1/(1-x-x^2)$ である．このように，簡単な関数でも比をとると面白い $\{\alpha_n\}$ の母関数になる．$\tan x$ や $\cot x$ も，簡単な係数はかかるが「ベルヌーイ数」の母関数である．

7 オイラーの公式

複素平面

解析学は最初実関数論であった.3次方程式の解をべき根により与える「タルタリア・カルダーノの公式」で,解が実数の場合でも虚数 $\sqrt{-1} \equiv i$ が必要になることは古くから知られていたが,複素数 $a+ib$ が数学において市民権を獲得したのは 18 世紀の終わりごろであろう.今日ではたんに「数」といえば複素数を指す.複素数がいかに自然な概念であるか,その使用がいかに実り豊かな結果をもたらすか,数学を少しでも学んだ人なら実感しているであろう.そして,自然の最も根本の法則を与える量子論は,複素数なしには定式化できないのである.

よく知られているように,複素数は**複素平面**で表示される.複素数 $z = x+iy$ は直交座標系では点 (x,y) で表される.極座標 (r,θ) とは $x = r\cos\theta$, $y = r\sin\theta$ という関係にあるから,$z = r(\cos\theta + i\sin\theta)$ である.i の符号を変えることを**複素共役**をとるという.数学では z の複素共役を $\bar{z}$ で表し,物理では z^* で表す.バーをつける記法は,長い式の場合不便であり,とくに分数式の分母に出てくると長い線が 2 重になって不細工である.この点,スターをつけるほうが合理的と思う.数学ではスターは他の意味の記号として使うからという反論もあるかも知れないが,バーも閉包の意味に使うから,その点では同罪だ.$r = |z| = |z^*|$ を z の**絶対値**,θ を**偏角**という.また実部 x を $\Re z$,虚部 y を $\Im z$ と記す.もちろん,$\Re z^* = \Re z$, $\Im z^* = -\Im z$, $zz^* = |z|^2$ である.

第 1 章 微積分学入門

三角関数と指数関数の関係

三角関数の倍角公式は覚えにくいものだが，**ド・モアヴルの定理**

$$(\cos\theta + i\sin\theta)^n = \cos(n\theta) + i\sin(n\theta) \tag{7.1}$$

の左辺を 2 項展開し，もちろん θ は実数として実部と虚部を分ければすぐに書き下せる．(7.1) は n が自然数の場合，数学的帰納法を用いれば加法定理 (1.3) からすぐ証明できる．n が負数の場合への拡張は複素共役をとればよい．$n\theta = \theta'$, $1/n = n'$ とおけば，逆数の場合への拡張ができ，さらに一般の有理数へと拡張できる．連続性により，n は任意の実数でよいであろう．

ド・モアヴルの定理の背後にあるのが**オイラーの公式**

$$e^{i\theta} = \cos\theta + i\sin\theta \tag{7.2}$$

である．(7.2) を使えば，(7.1) はたんに指数法則 $(e^{i\theta})^n = e^{in\theta}$ を述べているのに過ぎない．したがって，n は何でもよいわけだ．(7.2) の証明は，テイラー展開 (6.13), (6.14) が複素数の場合にも使えるとして，それらを両辺に代入するだけでよい．(7.2) の複素共役をとれば

$$e^{-i\theta} = \cos\theta - i\sin\theta \tag{7.3}$$

であるから，三角関数について逆に解けば，

$$\cos\theta = \frac{e^{i\theta} + e^{-i\theta}}{2}, \quad \sin\theta = \frac{e^{i\theta} - e^{-i\theta}}{2i} \tag{7.4}$$

を得る．

このようにして，オイラーの公式により，指数関数と三角関数とはじつは同じものだということがわかった．このことは極めて重要である．(7.2) により，任意の複素数は $z = re^{i\theta}$ と表

される．とくに $e^{\pm i\pi} = -1$ である．三角関数の加法定理 (1.3) は，オイラーの公式により，指数関数の加法定理に帰着する．

対数関数の多価性

三角関数は 2π を周期とする周期関数だったから，指数関数は $2\pi i$ を周期とする周期関数であることになる．したがって，指数関数の逆関数である対数関数は，無限多価関数になる．じっさい，n を任意の整数とするとき，$z = re^{i\theta} (= re^{i(\theta + 2\pi n)})$ に対して

$$\log z = \log r + i(\theta + 2\pi n) \tag{7.5}$$

となる．実積分の場合 (5.7) のように絶対値が現れる変な公式があったが，これは積分定数が $i\pi$ を含むということを考慮すれば解消される．つまり，微分方程式（次章で考察する）を解くさいに，複素数で考えるという了解をしておけば，計算の途中で現れる対数関数の中にいちいち絶対値の記号をつけておく必要がなくなるわけだ．

8 解析関数

正則関数——微分可能なら何回でも

われわれが初等関数の自然な拡張としてイメージするのは解析関数であろう．複素変数 z の関数 $w = f(z)$ が微分可能なとき，すなわち

$$\lim_{\Delta z \to 0} \frac{\Delta w}{\Delta z} \equiv \lim_{\Delta z \to 0} \frac{f(z + \Delta z) - f(z)}{\Delta z} \tag{8.1}$$

が存在するとき，$w = f(z)$ は z において**正則**または**解析的**で

あるという．導関数などの記号はすべて実変数の場合と同様とする．微分可能のことをわざわざ正則などとよぶのは，それなりの理由がある．あとで見るように，正則ならば何回でも微分可能であるばかりでなく，テイラー展開までできてしまうのである．

なぜそのようなすごいことがいえるのかといえば，それは Δz が2次元の量だからである．つまり無限に多くの方向から0に近づいたときの極限値がすべて一致するという，極めて強いことを (8.1) は要求しているのだ．このことをはっきりと式で書いたのが**コーシー・リーマンの微分方程式**である．すなわち，$w = u + iv$ が $z = x + iy$ において正則であるための必要十分条件は，

$$\frac{\partial u}{\partial x} = \frac{\partial v}{\partial y}, \quad \frac{\partial u}{\partial y} = -\frac{\partial v}{\partial x} \tag{8.2}$$

が成立することである．これは

$$\left(\frac{\partial}{\partial x} + i\frac{\partial}{\partial y}\right)(u + iv) = 0 \tag{8.3}$$

とまとめられるから，x, y の2変数の関数を2変数 z, z^* の関数と見直したとき，z^* に依存しないという条件

$$\frac{\partial w}{\partial z^*} = 0 \tag{8.4}$$

に他ならない．すなわち

$$dw = \frac{\partial w}{\partial z}dz + \frac{\partial w}{\partial z^*}dz^* = \frac{\partial w}{\partial z}dz \tag{8.5}$$

であって，2変数に関する全微分の式が1変数の微分の式に帰着するというのが，複素変数の意味での微分可能性なのである．

コーシーの定理──1周する積分は0

微分に関する操作や公式は実変数の場合と同じであるが，積

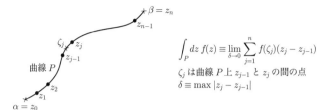

図1 線積分の定義

分に関しては新しい事態が発生する．それは変域が面の広がりをもっているため，両端点を決めただけでは定積分が定義できないということである．すなわち，複素平面上のどういう道筋をたどるのかも指定しなくてはならない．この積分の道筋のことを**積分路**という．積分路 P についての定積分は

$$\int_P dz\, f(z) \tag{8.6}$$

のように書く．$f(z)$ が正則であるような領域内では，両端点を固定しておけば積分路をどう変えても積分値は不変である．つまり一意的に原始関数が存在する．この基本的事実は，通常**コーシーの定理**として，次のように述べられる．

[定理] 領域 D で定義された関数 $f(z)$ が，D 内の単一閉曲線（ジョルダン曲線）C で囲まれた部分（C を含む）で正則ならば，

$$\int_C dz\, f(z) = 0 \tag{8.7}$$

である．

C 上に 2 点 α, β をとり，C を α から β への積分路 P と β から α への積分路 P' に分けたとすると，(8.7) は

$$\int_P dz\, f(z) = -\int_{P'} dz\, f(z) = \int_{-P'} dz\, f(z) \tag{8.8}$$

で，$-P'$ は P とは異なる α から β への積分路であるから，積分路のとり方によらないことになる，つまりこれを

$$\int_\alpha^\beta dz\, f(z) = F(\beta) - F(\alpha) \tag{8.9}$$

と書くことが可能である[*19].

コーシーの積分表示——解析関数の真骨頂

正則ではない点を**特異点**という．C で囲まれた領域に特異点が存在すると，もはや (8.7) の左辺の積分は 0 になるとはいえない．1 点を含む（十分小さな）開いた領域をその点の**近傍**という（要するに「近所」ということである）．特異点がその点自身以外の近傍で正則な場合，**孤立特異点**という．既約な形に書いた有理関数の分母のゼロ点は**極**とよばれ，最も簡単な孤立特異点である．分母のゼロの次数を極の位数という．

[定理] $f(z)$ が C で囲まれた領域 D で正則で，$z = a$ が D 内にあるとき，

$$\frac{1}{2\pi i}\int_C dz\, \frac{f(z)}{z-a} = f(a) \tag{8.10}$$

である．ただし C は正方向（反時計回り）に回るものとする．

じっさい，コーシーの定理により，C を，点 $z = a$ を正方向に回る半径 $\varepsilon \to 0$ の円 $C_\varepsilon(a)$ に置き換えてよいことから，左辺は $f(a)\lim_{\varepsilon \to 0} I_\varepsilon$ に帰着される．ただし，

$$I_\varepsilon \equiv \frac{1}{2\pi i}\int_{C_\varepsilon(a)} \frac{dz}{z-a} \tag{8.11}$$

[*19] 力学をよく知っている人ならば，保存力に対するポテンシャルの存在を思い出すであろう．原始関数はポテンシャル・エネルギーに相当している．運動の経路の如何にかかわらず，ポテンシャル・エネルギーの差は始点と終点の位置だけで決まる．

とした．これは，$z - a = \varepsilon e^{i\theta}$ とおけば，
$$I_\varepsilon = \frac{1}{2\pi i} i \int_0^{2\pi} d\theta = 1 \tag{8.12}$$
である．(証明終)

(8.10) で，文字を書き換えてそれを逆方向から眺めると，
$$f(z) = \frac{1}{2\pi i} \int_C d\zeta \, \frac{f(\zeta)}{\zeta - z} \tag{8.13}$$
となる．つまり，任意の正則関数が積分表示できることになる．これを**コーシーの積分表示**という．(8.13) を n 回微分すれば，n 階導関数に対する積分表示
$$f^{(n)}(z) = \frac{n!}{2\pi i} \int_C d\zeta \, \frac{f(\zeta)}{(\zeta - z)^{n+1}} \tag{8.14}$$
が得られる．したがって，何回でも微分可能ということがわかる．

テイラー展開

$f(z)$ を点 $z = a$ の近傍で正則な関数とする．$1/(1+x)$ のテイラー展開 (6.11) は x が複素数であっても成立するので，
$$\frac{1}{\zeta - z} = \frac{1}{\zeta - a} \cdot \frac{1}{1 - \frac{z-a}{\zeta - a}} = \sum_{n=0}^{\infty} \frac{(z-a)^n}{(\zeta - a)^{n+1}} \tag{8.15}$$
である．この両辺に $f(\zeta)$ を乗じ，$C_\varepsilon(a)$ に沿って項別積分すると，
$$\int_{C_\varepsilon(a)} d\zeta \, \frac{f(\zeta)}{\zeta - z} = \sum_{n=0}^{\infty} (z-a)^n \int_{C_\varepsilon(a)} d\zeta \, \frac{f(\zeta)}{(\zeta - a)^{n+1}} \tag{8.16}$$
となる．したがって，(8.13) と (8.14) により，
$$f(z) = \sum_{n=0}^{\infty} \frac{f^{(n)}(a)}{n!} (z-a)^n \tag{8.17}$$

を得る．すなわち，$f(z)$ はテイラー展開できる．テイラー展開の収束半径 R は，a から最も近い $f(z)$ の特異点 c までの距離 $|c - a|$ に等しい．

一致の定理 ——「天賦の関数」

テイラー展開から，$f(z) \equiv 0$ でない限り，正則関数 $f(z)$ のゼロ点は孤立していることがわかる．なぜなら，$f(a) = 0$ ならば，(8.17) により，$z = a$ の近傍では $f(z)$ は近似的に $(z-a)^m$ $(m \geq 1)$ の定数倍 $(\neq 0)$ ように振る舞うからである．$f(z) = 0$ になる点は $z = a$ 以外にその近傍には存在しない．

領域 D で正則な 2 つの関数 $f(z)$，$g(z)$ が D 内のある曲線上で一致したとする．このとき D 全体で $f(z) \equiv g(z)$ である．すなわち同一の関数である．なぜなら，正則関数 $f(z) - g(z)$ はその曲線上でずっとゼロだが，もしそれが D で恒等的にゼロでなければ，正則関数のゼロ点は孤立しているという上述の事実に反するからである．この結果を**一致の定理**という[*20]．この定理により，例えば実軸上（$\Im z = 0$）のある区間 I での関数がわかっていれば，$f(z)$ が正則である限り I を含む任意の領域 D 内での $f(z)$ は一意的に決まってしまう．したがって，実関数に関して確立された等式（加法定理など）は，同じ形で複素数の場合にも成立することになる．正則関数はまさに「天賦の関数」とよぶのにふさわしい．

2 つの関数 $f(z)$ と $g(z)$ が，それぞれ領域 D_1，D_2 で正則であり，共通部分 $D_1 \cap D_2$ が空でない領域ならば，D_2 の残りの部分でも $f(z) \equiv g(z)$ と定義することにより，合併領域 $D_1 \cup D_2$

[*20] 証明から明らかなように，一致している点が孤立点のみでなければ十分である．

において正則な関数 $f(z)$ が得られる．これをもとの D_1 での $f(z)$ の**解析接続**という．この操作を繰り返すと，次々と広い領域へと解析接続されることになる．一致の定理からわかるように，関数関係は，それが等式である限り，どこまで解析接続しても変わることなく成立する．しかし，もちろん不等式，近似式，漸近式などについては，そのことは成立しない[*21]．

しかしここで注意しなければならないのは，$D_1 \cap D_2$ がいつでも連結であるとは限らないということである．このとき $D_1 \cup D_2$ は単連結でなくなる，すなわち穴が開いている．この場合には，同一点の値が解析接続をしてきた道筋によって異なることもありうる．もし穴の部分にある特異点が孤立特異点のみだと仮定すると，その個数は有限個でなければならないから，1 個ごとに分けて考えることができる．したがって，穴が 1 点だけから成る場合を考えれば十分である．

ローラン展開——特異点周りの展開

まず，両方からの解析接続が一致する場合を考えよう．この場合は，関数 $f(z)$ は 1 点 $z = a$ の近傍で，その点自身を除いて正則である．このときには，**ローラン展開**

$$f(z) = \sum_{n=-\infty}^{+\infty} c_n (z-a)^n \tag{8.18}$$

が可能である．$z = a$ は特異点なので，少なくとも 1 つの $n < 0$ について $c_n \neq 0$ である．そのようなものが有限個のとき，その特異点を**極**，$-n$ の最大値をその極の**位数**という．位数が 1 の極を**単純極**，2 以上の極を**多重極**という．ゼロでない $c_n\ (n < 0)$

[*21] 漸近式に関しては，専門家でさえよく間違える人がいるから，要注意である．

が無限にある場合は、**真性特異点**とよばれる. 例えば $e^{1/z}$ は $z=0$ で真性特異点をもつ. 真性特異点の近くではどんな値にも近づくことが知られている[*22].

全複素平面上で正則な関数は**整関数**とよばれる. 多項式や指数関数は整関数である. 整関数のテイラー展開は収束半径が無限大になる. 関数 $f(z)$ の無限遠での振る舞いは, $g(\zeta) \equiv f(1/\zeta)$ の $\zeta=0$ の近傍を調べればよい. $f(z)$ が整関数ならば, $g(\zeta)$ のローラン展開は $n>0$ の項をもたない. したがって, 恒等的に定数でなければ, $\zeta=0$ は極または真性特異点である. つまり, $f(z)$ は $|z|\to\infty$ のとき有界ではない. したがって, 有界な整関数は定数である. これを**リューヴィルの定理**という.

(8.14) で $f(z)\equiv 1$ とおき, ζ を z, z を a, $n+1$ を m と書き換えると (C は $z=a$ の近傍に含まれるとして),

$$\frac{1}{2\pi i}\int_C \frac{dz}{(z-a)^m} = 1 \quad (m=1)$$
$$= 0 \quad (m \geqq 2) \tag{8.19}$$

であるから, (8.18) を項別に積分すれば,

$$c_{-1} = \frac{1}{2\pi i}\int_C dz\, f(z) \tag{8.20}$$

であることがわかる. c_{-1} を $z=a$ における $f(z)$ の**留数**という.

極以外の特異点をもたない関数を**有理型関数**という. 任意の単一閉曲線に沿っての有理型関数の積分は, その閉曲線内の各極の留数の総和に $2\pi i$ を乗じたものに等しい. これを**留数定理**という. 留数定理は, 不定積分が求まらないような定積分の計算

[*22] 除外値があるので, どんな値でもとるとまではいえない. 例えば $e^{1/z}=0$ となる z はない.

リーマン面——解析関数御用達の複素平面

両側からの解析接続が一致しない場合は，$f(z)$ は多価である．このときの孤立特異点 $z=a$ を**分岐点**という．例えば，$z^{1/n}$（n は 2 以上の自然数）や $\log z$ は，$z=0$ において分岐点をもつ．前者は $z=0$ の周りを n 回回ればもとに戻るので n 価であるが，後者は何度回ってももとに戻らないから無限多価である．関数を 1 価にするためには，複素平面に**カット**とよばれる切りこみを入れなければならない．カットは通常，分岐点から発する半直線か，2 つの分岐点をつなぐ線分である．カットを入れた複素平面を**リーマン・シート**という．いくつかのリーマン・シートを解析接続に呼応して継ぎ合わせて得られる曲面の全体を**リーマン面**という．

こうして必要ならばリーマン面を導入し，解析接続できる限り接続した関数の全体像を**解析関数**としてとらえる．ただし，解析接続によってどうしても越えられない境界がある場合もある．そのような境界は**自然境界**とよばれるが，実用的な関数ではまず現れることはない．

9 ガンマ関数とベータ関数

ガンマ関数——複素数階乗

前節で見たように，解析関数は素晴らしい性質をもっている．それで変数は何でも複素数に拡張して考えるのが便利だ．階乗は（0 または）正の整数に対してのみ定義されるが，この制限を取り払って「複素数階乗」を考えようというのが，オイラー

のガンマ関数である．ガンマ関数は，それなしには解析学はできないといってもよいくらい重要な関数である．

ガンマ関数 $\Gamma(\nu)$ は，定積分

$$\Gamma(\nu) \equiv \int_0^\infty dx \, x^{\nu-1} e^{-x} \tag{9.1}$$

によって定義される．(9.1) は $\nu > 0$ において収束する．ν に虚部があっても $|x^{i\Im\nu}| = 1$ であるから，積分の収束性に影響しない．したがって，(9.1) は $\Re\nu > 0$ において収束する．なお，ν が正ならば $\Gamma(\nu)$ は正である．

(9.1) の ν を $\nu+1$ に置き換えてから部分積分すると，$\Re\nu > 0$ ならばお釣りの項 (すなわち (5.8) の右辺第 1 項) は落ちるから，

$$\begin{aligned}\Gamma(\nu+1) &= \int_0^\infty dx \, x^\nu e^{-x} \\ &= \nu \int_0^\infty dx \, x^{\nu-1} e^{-x} = \nu \Gamma(\nu)\end{aligned} \tag{9.2}$$

となって，漸化式

$$\Gamma(\nu+1) = \nu \Gamma(\nu) \tag{9.3}$$

が得られる．$\Gamma(1) = \int_0^\infty dx \, e^{-x} = 1$ であるから，ν が自然数 n のときは (9.3) から，

$$\Gamma(n+1) = n(n-1)\cdots 2 \cdot 1 \cdot \Gamma(1) = n! \tag{9.4}$$

であることがわかる．すなわち，ガンマ関数は階乗の拡張になっている[*23]．$\Gamma(\nu)$ を複素変数 ν の関数と見ると，(9.1) から明らかなように ν について微分可能だから (ν を $\nu-1$ に置き換

[*23] $\nu+1$ が自然数のとき階乗 $\nu!$ に等しくなる解析関数はガンマ関数だけではないが，関数等式 $f(\nu+1) = \nu f(\nu)$ を満たすのはガンマ関数だけである．

えた積分は収束する)，$\Re\nu > 0$ において正則な関数であることがわかる．したがって，$\Re\nu \leqq 0$ への解析接続が考えられる．(9.3) は関数等式であるから，解析接続したところでも成立する．(9.3) から

$$\Gamma(\nu) = \frac{\Gamma(\nu+n)}{\nu(\nu+1)(\nu+2)\cdots(\nu+n-1)} \tag{9.5}$$

であるから，$\Gamma(\nu)$ は $\nu = 0, -1, -2, \cdots$ で単純極をもち，それ以外では全複素平面上で正則である．

ベータ関数——しばしば現れる定積分[*24]

(9.1) において，変数変換 $x = t^2$ を行うと，$dx = 2tdt$ であるから，

$$\Gamma(\nu) = 2\int_0^\infty dt\, t^{2\nu-1} e^{-t^2} \tag{9.6}$$

となる．これと同じ式を記号だけ変更して

$$\Gamma(\mu) = 2\int_0^\infty ds\, s^{2\mu-1} e^{-s^2} \tag{9.7}$$

とする．(9.7) と (9.6) の積は，

$$\Gamma(\mu)\Gamma(\nu) = 4\int_0^\infty ds \int_0^\infty dt\, s^{2\mu-1} t^{2\nu-1} e^{-(s^2+t^2)} \tag{9.8}$$

である．右辺は (s,t) 平面の第 1 象限における積分であるから，極座標 $s = r\cos\theta$, $t = r\sin\theta$ へ変数変換すると，

$$\int_0^\infty ds \int_0^\infty dt \cdots = \int_0^{\pi/2} d\theta \int_0^\infty r dr \cdots \tag{9.9}$$

[*24] 素粒子模型の弦 (ひも) 理論もベータ関数からスタートした (第 3 章 2 節の最初の脚注参照).

なので[*25], (9.8) は

$$\Gamma(\mu)\Gamma(\nu) = 4\int_0^{\pi/2} d\theta\, (\cos\theta)^{2\mu-1}(\sin\theta)^{2\nu-1} \int_0^\infty dr\, r^{2\mu+2\nu-1} e^{-r^2} \tag{9.10}$$

となって, θ 積分と r 積分の積になる. 後者は (9.6) により, $\frac{1}{2}\Gamma(\mu+\nu)$ に等しい. 前者は, $\cos^2\theta = x$ とおくと, $\sin^2\theta = 1-x$, $-2\cos\theta\sin\theta d\theta = dx$ であるから,

$$\int_0^{\pi/2} d\theta\, (\cos\theta)^{2\mu-1}(\sin\theta)^{2\nu-1} = \frac{1}{2}\int_0^1 dx\, x^{\mu-1}(1-x)^{\nu-1} \tag{9.11}$$

となる.

オイラーの**ベータ関数** $B(\mu,\nu)$ は, 定積分

$$B(\mu,\nu) \equiv \int_0^1 dx\, x^{\mu-1}(1-x)^{\nu-1} \tag{9.12}$$

によって定義される. 上の結果から, 重要な公式

$$B(\mu,\nu) = \frac{\Gamma(\mu)\Gamma(\nu)}{\Gamma(\mu+\nu)} \tag{9.13}$$

が得られる.

上の 3 式で, とくに $\mu = \nu = 1/2$ とおくと,

$$\frac{\pi}{2} = \frac{1}{2} \cdot \frac{\left(\Gamma(\frac{1}{2})\right)^2}{\Gamma(1)} \tag{9.14}$$

となるから,

$$\Gamma(\tfrac{1}{2}) = \sqrt{\pi} \tag{9.15}$$

[*25] $dsdt = Jdrd\theta$. ここにヤコビアンは $J = \frac{\partial s}{\partial r}\frac{\partial t}{\partial \theta} - \frac{\partial s}{\partial \theta}\frac{\partial t}{\partial r} = r$.

を得る．これと (9.3) を組み合わせれば，半奇数値に対するガンマ関数の値がわかる．

ガンマ関数の公式

(9.11) において $\mu = \nu$ とすると，三角関数の倍角公式により，

$$\frac{1}{2}\int_0^1 dx\, [x(1-x)]^{\nu-1} = \int_0^{\pi/2} d\theta \left(\frac{\sin(2\theta)}{2}\right)^{2\nu-1} \tag{9.16}$$

となる．$2\theta = \theta'$ と変換し，$\pi/2$ から π の積分は 0 から $\pi/2$ の積分に等しいことに注意すると，(9.16) の右辺は，

$$\begin{aligned}
&= 2^{-2\nu+1} \int_0^{\pi/2} d\theta'\, (\sin\theta')^{2\nu-1} \\
&= 2^{-2\nu+1} \cdot \frac{1}{2} \int_0^1 dx\, x^{-1/2}(1-x)^{\nu-1}
\end{aligned} \tag{9.17}$$

となる．ただし，(9.11) の $\mu = 1/2$ の式を用いた．(9.16) の左辺と (9.17) の右辺は，ともにベータ関数の特別な場合であるので，(9.13) を代入すると，

$$\frac{\left(\Gamma(\nu)\right)^2}{2\Gamma(2\nu)} = 2^{-2\nu}\frac{\Gamma(\frac{1}{2})\Gamma(\nu)}{\Gamma(\nu + \frac{1}{2})} \tag{9.18}$$

を得る．(9.15) を (9.18) に代入すると，**ガンマ関数の 2 倍公式**

$$\Gamma(\nu)\Gamma\left(\nu + \tfrac{1}{2}\right) = 2^{-2\nu+1}\sqrt{\pi}\,\Gamma(2\nu) \tag{9.19}$$

が得られる．

次にガンマ関数のもう 1 つの重要な公式

$$\Gamma(\nu)\Gamma(1-\nu) = \frac{\pi}{\sin(\pi\nu)} \tag{9.20}$$

を証明しておこう．あとで解析接続すればよいから，$0 < \Re\nu < 1$

と仮定して証明すれば十分である．(9.13) から，

$$\Gamma(\nu)\Gamma(1-\nu) = \int_0^1 dx \, x^{\nu-1}(1-x)^{-\nu} \tag{9.21}$$

であるが，$x = t/(1+t)$ と変数変換すれば，$dx = dt/(1+t)^2$ で，

$$\Gamma(\nu)\Gamma(1-\nu) = \int_0^\infty dt \, \frac{t^{\nu-1}}{1+t} \equiv I(\nu) \tag{9.22}$$

となる．$I(\nu)$ のような定積分の計算には留数定理が威力を発揮する．

$I(\nu)$ の被積分関数を複素変数 t の解析関数とすると，$t=0$ は分岐点なので，正実軸に沿ってカットを入れたリーマン・シートを考える．そのリーマン・シート上で被積分関数は極 $t=-1$ を除き正則である．そこで積分路として次のような閉曲線 C を考える．原点 0 から正実軸のカットの上側に沿って $R+i0$（$+i0$ は実軸の上側の意味）まで進み，そこから原点を中心とする半径 R の円を正方向に一周して $R-i0$ に行く．そしてそこからカットの下側に沿って原点 0 に戻る（図 2）．C に囲まれた領

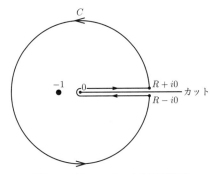

図 2 t のリーマンシートと積分路 C

域の中で特異点は $t = -1 = e^{\pi i}$ のみであるから,留数定理により

$$\int_C dt\, \frac{t^{\nu-1}}{1+t} = 2\pi i e^{\pi i(\nu-1)} = \pi(-2i)e^{i(\pi\nu)} \tag{9.23}$$

となる.左辺は,$R \to \infty$ とすると円からの寄与は $\Re(\nu-1) < 0$ としているので 0 となり,実軸の上下を往復した部分の積分に帰着する.往きは実積分だが,帰りは向きが逆で偏角が 2π だけ増加しているから,結局 $(1 - e^{2\pi i\nu})I(\nu)$ に等しい.これを (9.23) に代入して,オイラーの公式 (7.4) を使えば,(9.20) の右辺が得られる.(証明終)

10 超 関 数

デルタ関数——単位質量の質点の密度分布

n 次元空間の規格化直交ベクトル $\boldsymbol{e}_k\,(k = 1, 2, \cdots, n)$ の内積は,$(\boldsymbol{e}_j, \boldsymbol{e}_k) = \delta_{jk}$ と表される.ここに $\delta_{jk} = 1\,(j = k),\, = 0\,(j \neq k)$ で,**クロネッカーのデルタ**とよばれる記号である.n は無限大でもよい.量子論の建設者の一人であるディラックは,クロネッカーのデルタの離散的添え字の差 $j - k$ を連続変数 x に拡張したものを導入した.それが「ディラックのデルタ関数」であるが,「関数」という名前がついているけれども,数学者にとっては到底関数とよべるようなしろものではない.

デルタ関数 $\delta(x)$ は $x = 0$ において無限大であり,その他の点では恒等的に 0 と定義される.もう少し正確にいうと,任意の「タチのよい」関数 $\varphi(x)$ に対し,

$$\int_{-\infty}^{+\infty} dy\, \delta(x-y)\varphi(y) = \varphi(x) \tag{10.1}$$

が成立するようなものということである．数学者は最初，デルタ関数を**測度**[*26]としてとらえた．それはヘヴィサイドの**段差関数** $\theta(x)$（数学では $Y(x)$ と書く）の導関数とみなせるからである（$(d/dx)\theta(x) = \delta(x)$）．ここに，段差関数とは

$$\theta(x) = 1 \ (x > 0),$$
$$= 0 \ (x < 0) \tag{10.2}$$

で定義される関数である（$x = 0$ での値は指定せず，$\theta(x) + \theta(-x) = 1$，$\theta(x)\theta(-x) = 0$ とする）．

シュヴァルツの超関数

物理ではデルタ関数を微分したり，変数変換したり，あたかも通常の解析関数のように扱う．そうして有用な結果が誤りを犯すことなく得られるので，もっと実情に見合った数学的定義が必要になった．それが**シュヴァルツの超関数**である[*27]．基本的アイデアは，部分積分法によって，段差関数やデルタ関数の微分をタチのよい関数の微分にすり替えるということだ．

数学的にきちんと定義するならば，超関数は**線形汎関数**[*28]ということになる．すなわち，$\varphi(x)$ を C^∞ 級で，遠方ではそれ自身とそのすべての導関数が十分速く 0 になる関数[*29]とすると

[*26] 測度とは要するに「重み」で，非減少関数の微分になる．

[*27] 原語では distribution，すなわち「分布」である．デルタ関数は単位質量の質点の密度分布だ．

[*28] 汎関数とは，関数自体を独立変数に見立てた関数のことである．線形汎関数とはその独立変数に見立てた関数に関して線形性をもつということである．

[*29] 関数値が 0 でない区間が有界なような C^∞ 級関数はいくらでも作れる．そのような関数の全体を $\mathcal{D}$ と記すが，$\varphi(x) \in \mathcal{D}$ ならば十分である．

き，超関数 $f(x)$ とは線形汎関数

$$f[\varphi] \equiv \int_{-\infty}^{+\infty} dx \, f(x)\varphi(x) \tag{10.3}$$

のことだと思えというわけである．部分積分すると，お釣りの項（無限遠からの寄与）は落ちるので，

$$\int_{-\infty}^{+\infty} dx \left[\left(\frac{d}{dx}\right)^n f(x)\right]\varphi(x)$$
$$= (-1)^n \int_{-\infty}^{+\infty} dx \, f(x)\left(\frac{d}{dx}\right)^n \varphi(x) \tag{10.4}$$

となり，$f(x)$ は何回でも微分可能ということになる．つまり他人のフンドシで相撲をとろうというわけだ．このようにとらえれば，超関数とは要するに不連続関数の何階かの導関数に過ぎないことがわかる．超関数においては，各点における値というものは意味がない．

$\varphi(x)$ のことを，**テスト関数**とよぶことがある．与えられた超関数がどんな超関数なのかテストしてみるための関数というような意味である．テスト関数が正定値ならば必ず $f[\varphi] \geqq 0$ であるような超関数 $f(x)$ を，**正の超関数**という．正の超関数は測度であることが証明されている．

デルタ関数は正の超関数，すなわち測度であるが，その導関数は正の超関数ではない．$\delta'(x)$ は，物理的にいえば，両極間の距離が 0 の双極子である．$\delta(x)$ とその偶数階導関数は偶超関数，奇数階導関数は奇超関数になる．また，$\delta(cx) = |c|^{-1}\delta(x)$ である．$\delta(g(x))$ については，$g(x)$ の実ゼロ点ごとにわけて考えれば意味づけできる（例えば $a \neq 0$ のとき，$\delta(x^2 - a^2) = [\delta(x-a) + \delta(x+a)]/2|a|$）．また定義から明らかな式 $x\delta(x) = 0$ を微分すると，$x\delta'(x) = -\delta(x)$ であることがわかる．

極限と積分の順序交換の問題

通常の微積分学では,一様収束しない場合,積分と極限とが必ずしも順序交換ができないという厄介な話があった.例えば関数列

$$f_n(x) \equiv 2n^2 x e^{-n^2 x^2} \tag{10.5}$$

を考えてみよう.明らかに

$$\lim_{n \to \infty} f_n(x) = 0 \tag{10.6}$$

である(ただし,$x = 0$ と $x \neq 0$ とでは 0 になる理由が異なることに注意).したがって,もちろん $a > 0$ に対し,

$$\int_0^a dx \lim_{n \to \infty} f_n(x) = 0 \tag{10.7}$$

である.しかし

$$\int_0^a dx\, f_n(x) = 1 - e^{-n^2 a^2} \tag{10.8}$$

であるから,

$$\lim_{n \to \infty} \int_0^a dx\, f_n(x) = 1 \tag{10.9}$$

となって,(10.7) と等しくない.この原因は $x \approx 1/n$ あたりのところで,$f_n(x) \approx 2e^{-1} n$ のように大きくなっているからである.だが超関数まで考慮すると,「本当の極限」は (10.6) ではなくて,

$$\lim_{n \to \infty} f_n(x) = 2x \delta(x^2) \tag{10.10}$$

なのだ.(10.10) は $x = 0$ でも $x \neq 0$ でも「値」(もちろん超関数の「値」を考えることは反則)としては 0 だが,積分すると

$$\int_0^a dx\, 2x \delta(x^2) = \int_0^{a^2} du\, \delta(u) = 1 \tag{10.11}$$

となって,(10.9) と辻褄が合う.このように,超関数まで広げて考えれば,無限小区間で無限に大きくなるような場合の病的な振る舞いを解消できるのである.「一様収束」という概念が必要になったのは,各点ごとの対応ととらえた関数の定義の欠陥だったわけだ.

デルタ関数とコーシーの積分表示

デルタ関数の定義式 (10.1) は,コーシーの積分表示 (8.10) とそっくりだ.つまり,a が実数ならば,

$$\frac{1}{2\pi i}\int_C \frac{dz}{z-a}\cdots \tag{10.12}$$

という演算は,まさしくデルタ関数である.積分路 C を実軸の無限小下側を左から右に進み,折り返し無限小上側を右から左へ進む積分路に置き換えてもよい.さらに,極の位置を上下に無限小だけずらせることによって,極と積分路の位置関係を保ったまま,実軸上の積分に置き換えることができる.すなわち (10.12) は

$$\frac{1}{2\pi i}\int_{-\infty}^{+\infty} dx\Big(\frac{1}{x-(a+i0)}-\frac{1}{x-(a-i0)}\Big)\cdots \tag{10.13}$$

に置き換えられる.ただし $\pm i0$ は無限小だけ虚軸方向にずらすことを意味する.したがって,

$$\frac{1}{x-a-i0}-\frac{1}{x-a+i0}=2\pi i\delta(x-a) \tag{10.14}$$

という関係式が得られる.あるいは

$$\Im\frac{1}{x-a-i0}=\pi\delta(x-a) \tag{10.15}$$

と書いてもよい．

コーシーの主値

$1/(x-a)$ という関数は $x=a$ をまたぐ区間では積分できない．しかし，$b<a<c$，$\varphi(x)$ を $x=a$ で連続な関数とするとき，異常積分

$$\lim_{\varepsilon\to+0}\Big(\int_b^{a-\varepsilon}dx\frac{\varphi(x)}{x-a}+\int_{a+\varepsilon}^c dx\frac{\varphi(x)}{x-a}\Big) \tag{10.16}$$

ならば定義できる．これを**コーシーの主値**といい[*30]，

$$\mathrm{P}\int_b^c dx\frac{\varphi(x)}{x-a} \tag{10.17}$$

と書く．じっさい，$\varphi(x)\equiv 1$ の場合，(5.7) により

$$\mathrm{P}\int_b^c \frac{dx}{x-a}=\lim_{\varepsilon\to+0}\Big(\big(\log|-\varepsilon|-\log|b-a|\big)$$
$$+\big(\log(c-a)-\log\varepsilon\big)\Big)$$
$$=\log(c-a)-\log(a-b) \tag{10.18}$$

となって，有限確定である．一般の場合も $x=a$ の近傍では $\varphi(a)$ がかかるだけだから，やはり有限確定である．コーシーの主値は

$$\Re\frac{1}{x-a-i0}=\mathrm{P}\frac{1}{x-a} \tag{10.19}$$

に他ならない．じっさい，

$$\Re\int_b^c\frac{dx}{x-a-i0}=\Re\big(\log(c-a)-\log(a-b)+i\pi\big)$$
$$=\log(c-a)-\log(a-b) \tag{10.20}$$

[*30] P は principal の頭文字．

となる．

一般に，発散積分から有限確定な結果をだす処方を**有限部分**をとるという．発散積分の有限部分は超関数として理解できるものである．**アダマールの有限部分**は，コーシーの主値から

$$\mathrm{Pf}\frac{1}{x^n} \equiv \frac{(-1)^{n-1}}{(n-1)!}\left(\frac{d}{dx}\right)^{n-1}\mathrm{P}\frac{1}{x} = \Re\frac{1}{(x-i0)^n} \tag{10.21}$$

のように定義できる[*31]．ただし簡単のため $a=0$ とした．n が偶数のときアダマールの有限部分は，(10.16) のような積分範囲の極限のとり方で定義するわけにはいかない．また，$\mathrm{Pf}(1/x^2)$ は正の超関数ではないことに注意しよう．

Y 超関数

シュヴァルツは，ヘヴィサイドの段差関数やディラックのデルタ関数，およびその導関数を含む，非常に有用な超関数を導入した．正式の名称がないようなので，ここでは **Y 超関数**とよんでおく．それは

$$Y_\nu(x) \equiv \frac{x^{\nu-1}}{\Gamma(\nu)}\theta(x) \tag{10.22}$$

によって定義される．$Y_1(x) = \theta(x) \equiv Y(x)$ である．$\Gamma(\nu)$ はもちろん (9.1) で定義されるガンマ関数である．n が 0 または正の整数ならば $\Gamma(-n)$ は無限大なので，$Y_{-n}(x)$ は 0 になってしまうように見えるが，$x^{-n-1}\theta(x)$ が $x=0$ において極の半ペラのような特異性をもつために，超関数としてそれは

[*31] Pf は finite part の頭文字である．原語がフランス語のため形容詞と名詞の順序が逆になっている．

$$Y_{-n}(x) = \delta^{(n)}(x) \tag{10.23}$$

に他ならないのである．それはどういう意味かというと，

$$Y_\nu[\varphi] = \int_{-\infty}^{+\infty} dx\, Y_\nu(x)\varphi(x) \tag{10.24}$$

が ν の整関数になるということである．このことを

$$\varphi(x) = e^{-sx} \quad (s > 0) \tag{10.25}$$

の場合について具体的に確認しておこう[*32]．まず，(10.22) から，変数変換 $sx = y$ により

$$\begin{aligned}\int_{-\infty}^{+\infty} dx\, Y_\nu(x)e^{-sx} &= \frac{1}{\Gamma(\nu)}\int_0^\infty dx\, x^{\nu-1}e^{-sx} \\ &= \frac{s^{-\nu}}{\Gamma(\nu)}\int_0^\infty dy\, y^{\nu-1}e^{-y} = s^{-\nu}\end{aligned} \tag{10.26}$$

である ((9.1) を用いた)．他方，(10.23) から，

$$\int_{-\infty}^{+\infty} dx\, Y_{-n}(x)e^{-sx} = \int_{-\infty}^{+\infty} dx\, \delta^{(n)}(x)e^{-sx} = s^n \tag{10.27}$$

であるから，たしかに (10.26) を $\nu = -n$ まで解析接続したものと一致している．

定義式 (10.22) から，明らかに

$$\frac{d}{dx}Y_\nu(x) = Y_{\nu-1}(x) \tag{10.28}$$

である．ベータ関数の公式 (9.12), (9.13) は，積分変数 x を y/a

[*32] 特殊なテスト関数に限ったように思えるかも知れないが，s は任意なので，ラプラス変換で書ける関数ならば何でもよいことになる．「ラプラス変換」の説明は第 3 章 1 節参照．

に変換し,さらに a を x と書き換えると,

$$x^{-\mu-\nu+1}\int_0^x dy\, y^{\mu-1}(x-y)^{\nu-1} = \frac{\Gamma(\mu)\Gamma(\nu)}{\Gamma(\mu+\nu)} \quad (10.29)$$

となるから,Y 超関数に関する公式

$$\int_{-\infty}^{+\infty} dy\, Y_\mu(x-y)Y_\nu(y) = Y_{\mu+\nu}(x) \quad (10.30)$$

を得る.(10.28) は (10.30) の $\mu = -1$ の場合に他ならない.また,(10.30) の $\mu = 1$ の場合は,積分公式

$$\int_{-\infty}^x dy\, Y_\nu(y) = Y_{\nu+1}(x) \quad (10.31)$$

になる.

Y 超関数は,本書ではこの後しばしば登場するので,ここに述べたことをよく記憶しておいていただきたい.

解析関数の境界値

アダマールの有限部分 (10.21) は,n が自然数の場合に $\Re(x-i0)^{-n}$ として与えられた.これを Y 超関数のように,複素数 ν の場合に拡張することを考えよう.このために解析関数

$$X_\nu(z) \equiv \int_{-\infty}^{+\infty} dy\, \frac{Y_\nu(y)}{y-z} \quad (10.32)$$

を考える.$\nu = -n+1\ (n=1,2,\cdots)$ でなければ,$X_\nu(z)$ は $z=0$ に分岐点をもち,正実軸にカットを入れたリーマン・シート上で正則である.$\nu = -n+1$ では,(10.23) により

$$X_{-n+1}(z) = \frac{(n-1)!}{(-z)^n} \quad (10.33)$$

であるから,

$$\Re X_{-n+1}(x+i0) = (-1)^n (n-1)!\,\mathrm{Pf}\,\frac{1}{x^n} \quad (10.34)$$

となり，アダマールの有限部分の定数倍であることがわかる．
他方，虚部のほうは (10.15) から，任意の ν について，

$$\Im X_\nu(x+i0) = \pi Y_\nu(x) \tag{10.35}$$

となる．

(10.32) の積分を遂行することもできる．(9.22) において $t = x/a$ と変数変換すれば，

$$a^{-\nu+1} \int_0^\infty dx \, \frac{x^{\nu-1}}{x+a} = \Gamma(\nu)\Gamma(1-\nu) \tag{10.36}$$

であるから，$a = -z$ とおくと，

$$X_\nu(z) = \frac{1}{\Gamma(\nu)} \int_0^\infty dx \, \frac{x^{\nu-1}}{x-z} = \Gamma(1-\nu)(-z)^{\nu-1} \tag{10.37}$$

を得る．

(10.32) で見たように，一般に超関数 $f(x)$ が与えられたとき，それから解析関数

$$F(z) \equiv \frac{1}{\pi} \int_{-\infty}^{+\infty} dy \, \frac{f(y)}{y-z} \tag{10.38}$$

を定義すると，

$$\Im F(x+i0) = f(x) \tag{10.39}$$

となって，解析関数の実軸上への境界値の差がもとの超関数になる．

そこで発想を逆転して，解析関数の実軸上への境界値の差でもって超関数を定義するという考え方ができる．この考え方を数学的に定式化したのが**佐藤超関数**[33]である．佐藤超関数は，

---

[33] 日本語の「超関数」を逆に英訳して hyperfunction という．

着想は素粒子理論からきているが,そのメリットは応用上の有用性よりむしろ数学的な美しさにある.

コラム 1. 超関数の拡張と佐藤幹夫氏

1957 年筆者は素粒子物理学において不安定な粒子の数学的取り扱いについて研究していた.安定な粒子は,「散乱振幅」とよばれる,実軸上にカットを入れたリーマン・シート上の解析関数の実軸上の極に対応するが,不安定粒子に対応する極はカットを超えて解析接続して得られる次のシート上に存在する.それを拾い出して不安定粒子の理論を構築するには,デルタ関数 $\delta(x-a)$ の a を実数に制限しないで複素数に拡張する必要があった.そこで,シュヴァルツの超関数の定義 (10.3) において,テスト関数を適当な領域での正則関数とし,積分路のとり方をも線形汎関数の定義に含めるという形で,「複素超関数」(complex distribution) を定義した.

1959 年夏,赤倉で数理科学研究班の合宿研究会が行われた.数理科学研究班は「数理科学研究所」(実現のさいに和名は「数理解析研究所」と改称された)の設立に向けた数学者の準備活動で,シンポジウムはその後も数回開かれたが,数理物理学者も幾人か招かれ筆者もその 1 人だった.その会場で,ボスの先生に盛んに食い下がっている若い数学者があったが,それが佐藤幹夫氏(現京都大学名誉教授,文化功労者)との最初の出会いであった.彼に上記複素超関数の話をしたところ,彼も同様なことを考え,「解析的超

関数」(analytic distribution) とよんだとのことであった. それでその論文を送ってくれるように頼んだのだが, 送られてきた論文は「佐藤超関数」(hyperfunction) のもので, 解析的超関数については論文としてまとめていないとのことであった.

　佐藤超関数は, 1 変数の場合はシュヴァルツの超関数とあまり違わないが, 多変数の場合は「コホモロジー理論」に基づく壮大な理論になる. その後, この理論は「超局所解析」(microlocal analysis) に発展する.

　筆者はファインマン積分（ファインマン・ダイアグラム (あとがき参照) に対応する多重積分) のグラフ理論に基づく一般論を構築したが, そのうちの解析性に関する部分は超局所解析の手法で厳密化された.『岩波　数学辞典』の「ファインマン積分」の項目には,「Landau-中西多様体」としてかなり詳しく紹介されている.

第2章
微分方程式

1 微分方程式とは

ガリレイとケプラー,そしてニュートン

　近代物理学はニュートンに始まるといってよい.しかしその先駆となったのはガリレイとケプラーである.

　ガリレイは,木星にも衛星があることを発見して,コペルニクスの地動説を確固たるものにしたことでも有名であるが,彼の物理学への貢献の本領は,地上における定量的な実験を行ったことであろう.彼の最大の功績は**慣性の法則**を確立したことである.彼は,アリストテレスが経験に基づいて提唱した法則が誤りであることを見抜いた.じっさい,常識的には物体が運動し続けるためには何らかの力が働き続けていなければならないと思ってしまう.しかし物体の運動が自然に止まってしまうように見えるのは,じつは抵抗という力が働いていたからとガリレイはとらえた.つまり発想を逆転して,外部からの影響が

まったくない理想的な状況を**慣性系**として定義し，慣性系では力が働かなければ物体は等速直線運動をすると考えたのである．慣性系を基準にして物事をとらえることにより，法則は単純明快になった．また彼は，重力のみが働く系では，物体の運動はその質量に無関係であるという「等価原理」も発見した．

ガリレイが実証主義者であったのに対し，ケプラーは5個の正多面体を使って6個の惑星の軌道間隔を説明をしようとしたように，むしろプラトン的理想主義者であった．しかし彼はティコ・ブラーエの精密な観測結果を解析して，惑星の運行に関する**ケプラーの3法則**という現象論的法則を発見する．第1法則は惑星の軌道がプトレマイオスがいうような周転円の組み合わせではなく，太陽を焦点の1つとする楕円であることを主張するものである．ニュートンはこの事実から，重力が距離の2乗に逆比例することを看破した．第2法則は面積速度一定すなわち角運動量保存則である．これは重力が太陽に向かう中心力であることを示すものである．

ニュートンは惑星が楕円軌道を描くことと，地上で投げたボールが放物線を描くこととは力学的に同じことなのだということを見抜いた．「天上の法則」と「地上の法則」が統一されたのである．しかしこのことが直接実験で確認されたのは，ニュートンの発見からなんと300年近くも後の1957年のことであった．この年ソビエトが打ち上げた人工衛星「スプートニク」が地球周回軌道にのったのである．筆者の恩師湯川秀樹の寸評：「まったく不思議なことやね．これ以上いいニュートン力学の証明はないね！」

ニュートンの運動方程式

微分方程式の代表格といえば，**ニュートンの運動方程式**であろう．もちろんこれは3次元の方程式だが，簡単のため1次元の場合を考える．質点 P の質量を m, P の運動の加速度を α, P に働く力を F とすれば，ニュートンの第2法則は，慣性系において

$$m\alpha = F \tag{1.1}$$

が成立するというものである．時間を t, P の座標を x, 速度を v とすれば，

$$v = \frac{dx}{dt}, \quad \alpha = \frac{dv}{dt} \tag{1.2}$$

であるので，F を保存力（1次元のときは x のみの関数ということ）とすると，(1.1) は

$$m\frac{d^2x}{dt^2} = F(x) \tag{1.3}$$

となる．$F(x)$ を既知の関数，t を独立変数，x を t の未知関数とするとき，(1.3) のように未知関数の導関数を含む方程式を**微分方程式**という．

微分方程式を満たす $x(t)$ を求める方法が，微分方程式の解法である．微分方程式を解くことは一般に非常に難しいが，(1.3) ならば，次のようにやればよい．$dx = vdt$ なので，(1.3) の左辺に dx を乗じて変形すると，

$$m\frac{d^2x}{dt^2}dx = m\frac{dv}{dt}vdt = mvdv = mv\frac{dv}{dx}dx \tag{1.4}$$

となるので，(1.3) を x について積分すれば，

$$\frac{1}{2}mv^2 + U(x) = E \tag{1.5}$$

を得る.ただし,E は定数で,

$$U(x) \equiv -\int_0^x du\, F(u) \tag{1.6}$$

と置いた.$\frac{1}{2}mv^2$ を**運動エネルギー**,$U(x)$ を**位置エネルギー**もしくは**ポテンシャル・エネルギー**,E を**力学的エネルギー**,(1.5) を**力学的エネルギーの保存則**という.(1.5) は v についての 2 次の代数方程式なので,v について解ける.その式を t について積分すれば x が求まる.つまり微分方程式 (1.3) が解けたことになる.積分を具体的に遂行するには,$F(x)$ を与えなければならない.

常微分方程式

独立変数が 1 個の微分方程式を**常微分方程式**,複数個ある場合の微分方程式を**偏微分方程式**という.さしあたり常微分方程式のみを考えるので,その間「常」の字は省略することにする.

力学では時間 t を独立変数にとるのが普通だが,微分方程式論では独立変数には文字 x を使う.未知関数も 1 個の場合は,それを y とする.そうすると,微分方程式は

$$f(x, y, y', y'', \cdots, y^{(n)}) = 0 \tag{1.7}$$

と書ける.じっさいに含まれている最高階の導関数が $y^{(n)}$ であったとすると,それを n 階の微分方程式という.最高階 $y^{(n)}$ についてあらわに解いた形の場合,すなわち

$$y^{(n)} = g(x, y, y', y'', \cdots, y^{(n-1)}) \tag{1.8}$$

の場合を**正規型**(g の全体または一部を左辺に移項しておいてもよい),そうでない場合を**非正規型**とよぶ[*1].

[*1] 非正規型で簡単に解ける例は 2 節の終わりに与える.

微分方程式に現れる関数としては，あまり変なものは考えないのが原則である．一般に使われる関数はほとんど初等関数に限られる．とくに導関数に関する依存性は有理関数にべき根を付け加えた程度であるのが普通だ．

未知関数が満たす方程式が複数個ある場合を，**連立微分方程式**という．連立の場合は，微分方程式でなくても解が存在しない場合があることからわかるように，変な関数を使っていなくても解が存在しないことがある．未知関数の数を m とすると，独立な方程式の数も m であるのが普通である．

(1.7) は n 元連立 1 階微分方程式

$$f(x, y_1, y_2, \cdots, y_n, y'_n) = 0,$$
$$y'_1 = y_2,\ y'_2 = y_3,\ \cdots,\ y'_{n-1} = y_n \tag{1.9}$$

と同等である．同様にして，連立高階微分方程式は連立 1 階微分方程式に帰着する．連立 1 階微分方程式は，正規型に書くと，ベクトルに対する方程式のようにみなせる．

任意定数

1 階の微分方程式を解くには 1 回不定積分をする必要がある．したがって，解は積分定数 C すなわち任意定数を含む．m 元連立 1 階微分方程式の解は一般に m 個の独立な任意定数を含む．とくに (1.7) の解は n 個の独立な任意定数を含む．これを**一般解**という．一般解の任意定数を特殊値にしたものを**特殊解**または**特解**という．特殊解として表せないような解がある場合には，それを**特異解**という．

n 個の独立な任意定数 $C_1, C_2, \cdots, C_n$ を含む (1.7) の一般解が見つかったとし，それを

$$y = \phi(x; C_1, C_2, \cdots, C_n) \tag{1.10}$$

としよう．これを x について k 回微分すれば，

$$y^{(k)} = \left(\frac{\partial}{\partial x}\right)^k \phi(x; C_1, C_2, \cdots, C_n) \quad (k = 1, 2, \cdots, n) \tag{1.11}$$

である．$n+1$ 個の方程式 (1.10)，(1.11) から n 個の任意定数 $C_1, C_2, \cdots, C_n$ を消去すれば，もとの微分方程式 (1.7) に戻るはずである．つまり (1.7) は曲線群 (1.10) を特徴づける微分方程式に他ならない．

例えば，

$$xy' - 2y = 0 \tag{1.12}$$

という微分方程式の一般解は原点を頂点とする放物線群

$$y = Cx^2 \tag{1.13}$$

であるが，これとこれを微分した式

$$y' = 2Cx \tag{1.14}$$

から C を消去すると，もとの (1.12) が得られる．

物理などで応用する場合には，任意定数は**初期条件**によって決められることが多い．初期条件は通常「$x = a$ のとき $y = b_0$, $y' = b_1, \cdots, y^{(n-1)} = b_{n-1}$ (ただし $a, b_0, \cdots, b_{n-1}$ は与えられた定数)」のような形で設定される．このとき $C_1, C_2, \cdots, C_n$ に対する n 元連立方程式が得られ，それによって少なくとも原理的に任意定数の値が決まる．例えば，はじめに掲げたニュートンの運動方程式の場合だと，通常，時刻 $t = 0$ における初期位置 $x = x_0$ と初速度 $v = v_0$ を与えると，解が一意的に決まる．

変換に対する不変性

　与えられた微分方程式が変数の変換に対して不変になっている場合は，解の形が制限され，解きやすくなることがしばしば起きる．代表的なのがスケール変換不変性である．

スケール変換とは，ある特定の数 j と k があって，c を任意の定数とするとき，$x \mapsto c^j x$, $y \mapsto c^k y$ のように変換することである（$k=0$ でなければ，$k=1$ としても一般性を失わない）．もし微分方程式 (1.7) がこのスケール変換に対して不変だったとすると，解 (1.10) をスケール変換したもの，すなわち

$$c^k y = \phi(c^j x; \tilde{C}_1, \tilde{C}_2, \cdots, \tilde{C}_n) \tag{1.15}$$

も解になっているはずである．ただし，$\tilde{C}_1, \cdots, \tilde{C}_n$ は新たな任意定数である．例えば (1.12) は 2 つのスケール変換 $x \mapsto cx$ と $y \mapsto c'y$ の両方について不変になっているので，この微分方程式を解かなくても，解は $x^\alpha y = C$ という形になるはずだと推論できる．

　$x \mapsto x+c$ のような変換を**並進変換**という．これは $x = \log x'$ とすれば，$x' = e^x$ についてのスケール変換になる．基本的な物理法則はいつでも成立するべきだから，通常，時間に関する並進不変性をもつ．じっさい，ニュートンの運動方程式は時間の並進変換に対して不変である．したがってその解は，時間の並進変換による変化が任意定数の変更によって吸収できるような形になっているはずである．

　物理に現れる方程式は一般にいろいろな不変性をもつ．基本的なのは，時間の並進不変性，空間の並進不変性，回転不変性などである．そして一般に不変性があると対応する保存則が成立する．これを**ネーターの定理**という．上の 3 つについてはそ

れぞれ，エネルギー保存則，運動量保存則，角運動量保存則が対応する．(1.3) の時間並進不変性とネーターの定理の帰結が，力学的エネルギー保存則 (1.5) に他ならない．

コラム 2. 対称性と不変性

対称性とは左右対称や球対称などのように，図形が特定の規則に従った点の入れ替えによって変わらないことである．点の入れ替えは，数学的には「変換」とよばれる．したがって対称性とは変換の下で不変であることである．つまり，対称性と不変性はほぼ同義であると思ってよい．クラインの「エルランゲン目録」によれば，幾何学とは変換で不変な性質を調べることである．

変換は組み合わせることができる．2 つの変換を続けて行うことで「変換の積」が定義される．何もしないことを「恒等変換」というが，恒等変換を単位元，もとに戻す変換を逆元と思えば，変換の集合は抽象代数学でいう「群」をなす．つまり不変性とは，変換群のもとで不変であること意味する．

物理法則は一般にある種の変換群のもとで不変である．基本法則は時や場所ごとに異なっていては困るので，時空間の原点のとり方を変える変換のもとで不変になっている．これを「並進対称性」という．また空間は等方的だと考えられるので，回転に対して不変である．これを「回転対称性」という．ニュートン力学では時間は別格扱いだったが，相対論では時間までも込めた回転（時間軸は純虚数とみな

す）である「ローレンツ変換」に拡張される．すなわちアインシュタインの特殊相対性原理によれば，慣性系では物理法則はすべてローレンツ変換のもとで不変である．これを「ローレンツ対称性」，これと並進対称性とを合わせたものを「ポアンカレ対称性」という．すべての素粒子は，ポアンカレ群の変換に対してどう振る舞うか（群の「表現」という）によって数学的に規定される．

スケールを変える変換に対しては，物理法則は不変ではない．すなわち「スケール対称性」は実現していない．詳細は省くが，素粒子物理学の基礎理論である「標準理論」の基礎方程式はスケール変換によく似た「カイラル変換」に対し不変である．カイラル対称性があると素粒子はゼロでない質量をもてないが，標準理論では「ヒッグス場」という場があって，それが自発的にカイラル対称性を破ったのだと考えている．これが正しいとすると，「ヒッグス粒子」という素粒子が存在しなければならないことが理論的に従う．最近ジュネーヴの巨大加速器 LHC で予言通りにヒッグス粒子の存在が確認され，標準理論の正しさが確立された．

微分方程式を解くさいの注意

微分方程式を解くのは一般的に非常に難しい．解析的に解けないほうがむしろ普通である．この場合は数値計算するとか，解の定性的性質を調べるしかない．以下で解析的に解く方法（**求積法**という）のいくつかを紹介するが，教科書の演習問題と違ってじっさいに遭遇する微分方程式は，どの方法を使ったらよいかを自分で考える必要がある．変数変換などを自分で工夫する

必要があるかも知れない．例えば，たまたま1つの特殊解が見つかったときは，一般解をその特殊解と未知関数の和もしくは積だとしてみると，微分方程式が解ける形になる場合がある．

さいわい解析的な解が求まったならば，必ずもとの微分方程式に代入してたしかにそれを満たしていることをチェックしよう．微分方程式を解くのは大変な計算になる場合が多いが，チェックは簡単であるので，ぜひ実行するようにしたい．自分の求めた解が本の解答に書いてある式と一致していなくても，すぐに自分の得た解が間違っていると速断してはいけない．解の書き表し方は一意的ではないから，同じ解であっても見かけが異なる場合がしばしばあるからだ．とくに多価関数を含んだ式の場合は要注意である．解はなるべく多価関数のない形で表示しよう．もう一つ是非注意したいことは，初期条件が与えられていない場合，任意定数は自由に変換する自由度を含んでいるということである．解答にある C と自分の得た解の C とは同じものとは限らないのだ．

2 1階微分方程式

現象論的モデル

力学の運動方程式は2階微分方程式だが，それは慣性の法則があるからである．そういう基礎的な法則を扱うのではなく，簡単な現象論的モデルでは1階微分方程式になることが多い．例えば，放射性元素は一定の割合で崩壊するので，その量 N は微分方程式 $dN/dt = -\alpha N$ $(\alpha > 0)$ に従う．解はもちろん $N = Ce^{-\alpha t}$ である．なお，半減期（半減に要する時間）は $(\log 2)/\alpha$ である．いくつもの放射性元素が連鎖崩壊するとき

は,連立 1 階微分方程式になる.

生物学で生態系を論ずるときにも,1 階微分方程式が現れる.動物の個体数は餌が多ければ増加し,天敵の動物に食われることが多ければ減少する.何種類かの動物に対し連立 1 階微分方程式を設定し,どのようなときに絶滅が危惧されるか,あるいは増え過ぎて困るかが解析される.

変数分離型

変数分離型の 1 階微分方程式とは,

$$y' = f(x)g(y) \tag{2.1}$$

という形の方程式である.これは

$$\frac{1}{g(y)}\frac{dy}{dx} = f(x) \tag{2.2}$$

と書けるから,x について積分すれば

$$\int \frac{dy}{g(y)} = \int dx\, f(x) \tag{2.3}$$

となって,一般解が求まる.不定積分はもちろん任意定数を含むが,両辺の積分定数はまとめられる.

なお,(2.2) で割り算をしたが,$g(y) = 0$ になる点 $y = b$ があったとすると,その場合を除外していることになる.両辺とも 0 になるという意味で,$y = b$ は (2.1) を満たす.これは一般解 (2.3) に含まれていないが,一般解の任意定数の極限値として再現できるので,特異解とはいわない.

同次スケール変換不変型[*2]

同次スケール変換とは，$j=k=1$ のスケール変換のことである．dy/dx がこの変換に対して不変だから，同次スケール変換不変な 1 階微分方程式は，

$$y' = f\left(\frac{y}{x}\right) \tag{2.4}$$

と書ける．変数変換

$$y = xv \tag{2.5}$$

を行うと，(2.4) は

$$xv' + v = f(v) \tag{2.6}$$

となり，変数分離型

$$v' = \frac{1}{x}(f(v) - v) \tag{2.7}$$

に帰着する．

なお，

$$y' = f\left(\frac{ax + by + c}{\alpha x + \beta y + \gamma}\right) \tag{2.8}$$

のような微分方程式も，x, y に関する適当な 1 次変換をやれば (2.4) に帰着できる．

線形微分方程式

y' と y について線形な 1 階微分方程式

$$y' + p(x)y = f(x) \tag{2.9}$$

[*2] homogeneous の和訳として，以前は「斉次」が使われたが，最近は「同次」という言葉を使うようだ．

を考える．$f(x) \equiv 0$ ならば，変数分離型だから，

$$y = P(x) \equiv \exp\left(-\int dx\, p(x)\right) \tag{2.10}$$

と解ける．そこで一般の場合は，変数変換

$$y = P(x)v \tag{2.11}$$

を行うと，$P'(x) = -p(x)P(x)$ であるから，(2.9) は

$$P(x)v' = f(x) \tag{2.12}$$

となる．したがって，

$$v = \int dx \frac{f(x)}{P(x)} \tag{2.13}$$

と解ける．(2.11) と (2.13) とから，解は

$$\begin{aligned} y &= P(x)\int dx \frac{f(x)}{P(x)} \\ &= \exp\left(-\int dx\, p(x)\right) \cdot \int dx \left[f(x)\exp\left(\int dx\, p(x)\right)\right] \end{aligned} \tag{2.14}$$

である．$P(x)$ の積分定数は (2.14) ではキャンセルするので，任意定数は (2.13) の積分定数のみである．

完全微分方程式

全微分の式 [1 章 (3.5)] を思い起こそう．すなわち $z = F(x, y)$ の全微分は，

$$dz = \frac{\partial F}{\partial x}dx + \frac{\partial F}{\partial y}dy \tag{2.15}$$

であった．したがって，もし微分方程式を

$$\frac{\partial F}{\partial x}dx + \frac{\partial F}{\partial y}dy = 0 \tag{2.16}$$

のような形に書くことができれば，解は

$$F(x,y) = C \tag{2.17}$$

で与えられる．(2.16) のような微分方程式を**完全微分方程式**という．

与えられた微分方程式

$$P(x,y)dx + Q(x,y)dy = 0 \tag{2.18}$$

が完全微分方程式であるための必要十分条件は，

$$\frac{\partial P(x,y)}{\partial y} = \frac{\partial Q(x,y)}{\partial x} \tag{2.19}$$

である．必要性は $\partial/\partial x$ と $\partial/\partial y$ とが可換であることから明らかであるが，十分であることも証明できる（証明略）．変数分離型は，(2.19) の両辺がともに 0 の場合であり，完全微分方程式の特別な場合であることがわかる．

完全微分方程式の形式和（全微分での和の意味）はまた完全微分方程式である．逆に $P(x,y)$, $Q(x,y)$ がたくさんの項から成る場合，分解して考えると容易になることが多い．$P(x,y)$ に含まれる x のみの項や，$Q(x,y)$ に含まれる y のみの項は分離できる．例えば

$$(2xy + 3x^2)dx + (x^2 + 2y)dy = 0 \tag{2.20}$$

は 3 つの完全微分方程式の形式和になっていて，解は

$$x^2 y + x^3 + y^2 = C \tag{2.21}$$

である．

積分因子

与えられた形では完全微分方程式になっていなくても，全体

に適当な関数を乗じてやれば完全微分方程式になる場合がある．そのような関数を**積分因子**という．積分因子を一般的に見つけるのは，もとの微分方程式を解くより難しい．したがって，積分因子はメノコで見つけなければならない．x のみの関数とか，y のみの関数のような積分因子ならば，上述の分離性が保たれるので，比較的容易に見つけられることが多い．例えば線形微分方程式 (2.9) は

$$\bigl(p(x)y - f(x)\bigr)dx + dy = 0 \tag{2.22}$$

と書ける．$f(x)$ の項は分離できるので，積分因子は $[P(x)]^{-1}$ である．これを乗ずると，

$$\Bigl(([P(x)]^{-1})'y - f(x)[P(x)]^{-1}\Bigr)dx + [P(x)]^{-1}dy = 0 \tag{2.23}$$

となるから，解は

$$[P(x)]^{-1}y - \int dx\, f(x)[P(x)]^{-1} = 0 \tag{2.24}$$

である．もちろんこれは (2.14) と一致する．

非正規型微分方程式

y' についてあらわに解かれていない形の微分方程式

$$f(x, y, y') = 0 \tag{2.25}$$

は非正規型といわれる．もし

$$f(x, y, p) = 0, \qquad \frac{\partial}{\partial p}f(x, y, p) = 0 \tag{2.26}$$

から p を消去することによって方程式 $\phi(x, y) = 0$ が得られたならば，$\phi(x, y) = 0$ は (2.25) の特異解になる．幾何学的には，

それはパラメータ p をもつ曲線群 $f(x, y, p) = 0$ の包絡線の方程式に他ならない．

本質的に非正規型の方程式で最も簡単なのが，**クレーローの微分方程式**

$$y = y'x + f(y') \tag{2.27}$$

である．これの一般解は明らかに直線群

$$y = Cx + f(C) \tag{2.28}$$

で与えられる．特異解は (2.28) と $x + f'(C) = 0$ から C を消去して得られる．例えば $y = y'x + \frac{1}{2}y'^2$ の特異解は，$y' = -x$ を代入して得られる放物線 $y = -\frac{1}{2}x^2$ で与えられる．

3 高階微分方程式の解法

高階微分方程式が解析的に解けるのは，むしろ稀である．少なくとも 1 階は階数を下げられる特別な場合について考察しよう．

並進不変性がある場合

$x \mapsto x + c$，または $y \mapsto y + c$，という変換のもとに不変な微分方程式というのは，つまり x，または y，をあらわに含まないということである．ニュートンの運動方程式 (1.3) は，独立変数として t を使ったが，t をあらわに含まなかった．

y をあらわに含まない微分方程式

$$f(x, y', \cdots, y^{(n)}) = 0 \tag{3.1}$$

は，$y' = z$ とおけば，明らかに z に関する $n-1$ 階の微分方程

式に帰着する.

x をあらわに含まない微分方程式は, x の代わりに y を独立変数にとれば, 上の場合に帰着する. 例えば 2 階微分方程式

$$f(y, y', y'') = 0 \tag{3.2}$$

を考えよう.

$$y' = \frac{dy}{dx} = \left(\frac{dx}{dy}\right)^{-1} = \frac{1}{x'}, \\ y'' = \frac{dy'}{dx} = \frac{dy}{dx}\frac{d}{dy}\left(\frac{1}{x'}\right) = \frac{1}{x'}(-1)\frac{x''}{x'^2} = -\frac{x''}{x'^3} \tag{3.3}$$

であるから, (3.2) は

$$f\left(y, \frac{1}{x'}, -\frac{x''}{x'^3}\right) = 0 \tag{3.4}$$

に帰着する.

スケール変換不変性がある場合

$x \mapsto cx$, または $y \mapsto cy$, という 1 変数の変換のもとに不変な微分方程式は, $x = e^u$, または $y = e^v$, という変数変換を行えば, 並進不変性のある場合に帰着する.

例えば,

$$f(y, xy', x^2 y'') = 0 \tag{3.5}$$

という微分方程式は, $x = e^u$ とおけば,

$$f\left(y, \frac{dy}{du}, \frac{d^2 y}{du^2} - \frac{dy}{du}\right) = 0 \tag{3.6}$$

という u をあらわに含まない微分方程式になる.

$x \mapsto cx$ と $y \mapsto cy$ を同時に行う同次スケール変換のもとに不変な微分方程式

$$f(x^{-1}y,\ y',\ xy'',\cdots,\ x^{n-1}y^{(n)}) = 0 \tag{3.7}$$

は, $y = xv$ とおけば, x の 1 変数スケール変換不変な場合に帰着する.

一般のスケール変換 $\{x \mapsto c^j x,\ y \mapsto c^k y\}$ に対して不変な微分方程式の場合は, $x = u^j,\ y = v^k$ と変換すれば, 同次スケール変換不変な場合に帰着する.

積分因子

ニュートンの運動方程式 (1.3) の変数 t と x をそれぞれ x と y に書き換えて,

$$my'' - F(y) = 0 \tag{3.8}$$

と書いておこう. 両辺に y' を乗ずると, 左辺は

$$y'(my'' - F(y)) = \frac{d}{dx}\Big(\frac{my'^2}{2} - \int dy\ F(y)\Big) \tag{3.9}$$

となり, 積分ができた. このように, 適当な因子を乗ずると微分方程式の全体が何かの導関数になっているようにできれば, もちろん積分ができる. そのような因子を**積分因子**という.

積分因子が簡単に見つかる例としては, 他に**リューヴィルの微分方程式**

$$y'' + f(x)y' - g(y)y'^2 = 0 \tag{3.10}$$

がある. 両辺に $1/y'$ を乗ずると, 左辺は

$$\frac{y''}{y'} + f(x) - g(y)y' = \frac{d}{dx}\Big(\log y' + \int dx\ f(x) - \int dy\ g(y)\Big) \tag{3.11}$$

となって, 積分が遂行できる.

4 線形微分方程式

線形微分方程式とは，y およびそのすべての導関数について線形な微分方程式のことである．以下の一般論では，正規型，すなわち，n 階微分方程式ならその最高階 $y^{(n)}$ の係数を 1 に規格化した形で論ずる．

同次線形微分方程式

同次線形微分方程式は

$$y^{(n)} + p_1(x) y^{(n-1)} + \cdots + p_{n-1}(x) y' + p_n(x) y = 0 \quad (4.1)$$

と書かれる．ベクトル記号を用いて，n 次元の縦ベクトル $\boldsymbol{y} \equiv {}^t(y, y', \cdots, y^{(n-1)})$（t は転置）と n 次元の横ベクトル $\boldsymbol{p} \equiv (p_n, p_{n-1}, \cdots, p_1)$ を導入すれば，(4.1) はベクトルの内積を用いて

$$y^{(n)} + (\boldsymbol{p} \cdot \boldsymbol{y}) = 0 \quad (4.2)$$

と表すこともできる．(4.1) に対しては**重ね合わせの原理**が成り立つ，すなわち，解の任意の一次結合はまた解である．したがって，もし一次独立な n 個の解 $y_1, y_2, \cdots, y_n$ が見つかれば，一般解は

$$y = C_1 y_1 + C_2 y_2 + \cdots + C_n y_n \quad (4.3)$$

で与えられる．このように一般解が与えられるので，一次独立な n 個の解 $y_1, y_2, \cdots, y_n$ のセットを**基本解系**という．もちろん基本解系の選び方は一意的ではない．

ロンスキアン——解の独立性

n 階導関数は (4.1) によりすべて $n-1$ 階までのもので表されるから，テイラー展開の公式 [1 章 (6.5) と (6.6)] により，関数としての一次独立性は，n 次元ベクトル $\boldsymbol{y}_1, \boldsymbol{y}_2, \cdots, \boldsymbol{y}_n$ のベクトルとしての一次独立性に帰着することがわかる．

n 個の n 次元ベクトル $\boldsymbol{y}_1, \boldsymbol{y}_2, \cdots, \boldsymbol{y}_n$ を成分表示してできる行列の行列式[*3]

$$W(y_1, \cdots, y_n) \equiv \det(\boldsymbol{y}_1, \boldsymbol{y}_2, \cdots, \boldsymbol{y}_n)$$
$$\equiv \begin{vmatrix} y_1 & y_2 & \cdots & y_n \\ y_1' & y_2' & \cdots & y_n' \\ \vdots & \vdots & \ddots & \vdots \\ y_1^{(n-1)} & y_2^{(n-1)} & \cdots & y_n^{(n-1)} \end{vmatrix}$$
(4.4)

を**ロンスキアン**（もしくは**ロンスキーの行列式**）という[*4]．上の考察からわかるように，この n 個の解が一次独立であるための必要十分条件は，ロンスキアンが 0 でないことである．

ロンスキアンを微分すると，第 1 行 (すなわち第 1 成分 $y_1, \cdots, y_n$) を微分した行列式 (第 1 行と第 2 行が同じになる)，第 2 行を微分した行列式 (第 2 行と第 3 行が同じになる)，$\cdots$，第 n 行を微分した行列式の和になる．しかし行列式の性質 (「任意の 1 行の共通因子倍を他の任意の 1 行に加えても行列式の値は変わらない」という性質) により，最後のもの以外はすべて 0 である．最後の行列式は，n 個の縦ベクトル ${}^{\mathrm{t}}(y_k, y_k', \cdots, y_k^{(n-2)}, y_k^{(n)})$ ($k = 1, 2, \cdots, n$) を成分表示してできる行列の行列式である．$y = y_k$

[*3] 読者は行列および行列式の初歩については既知と想定させていただく．
[*4] 例えば $n = 2$ ならば，$W(y_1, y_2) = y_1 y_2' - y_2 y_1'$．

は (4.1) の解であったから，もちろん

$$y_k^{(n)} = -p_1 y_k^{(n-1)} - p_2 y_k^{(n-2)} - \cdots - p_{n-1} y_k' - p_n y_k \tag{4.5}$$

なので，これを代入すると，行列式の性質により $-p_1 y_k^{(n-1)}$ だけが生き残る．$-p_1$ を行列式の外に出すと，行列式はちょうどロンスキアンになる．したがって結局，ロンスキアンは微分方程式

$$\frac{d}{dx} W = -p_1 W \tag{4.6}$$

を満たすことがわかる．W は 0 でないとしてこれを解けば，

$$W = \exp\left(-\int dx\, p_1(x)\right) \tag{4.7}$$

である．とくに $p_1(x) \equiv 0$ ならば，ロンスキアンは定数になる．

非同次線形微分方程式

(4.1) の右辺が 0 でなくて，x の関数 $f(x)$ である場合，すなわち

$$y^{(n)} + p_1(x) y^{(n-1)} + \cdots + p_{n-1}(x) y' + p_n(x) y = f(x) \tag{4.8}$$

を**非同次線形微分方程式**という．重ね合わせの原理から明らかなように，対応する同次線形微分方程式の基本解系 $y_1, y_2, \cdots, y_n$ と (4.8) の特殊解 y_0 が見つかったとすれば，(4.8) の一般解は

$$y = y_0 + C_1 y_1 + C_2 y_2 + \cdots + C_n y_n \tag{4.9}$$

で与えられる．

非同次線形微分方程式の一般解

(4.8) の解は**定数変化法**によって構成することができる．すなわち解を，(4.3) の任意定数 C_k を未知関数 v_k に置き換えた形

$$y = y_1 v_1 + y_2 v_2 + \cdots + y_n v_n \tag{4.10}$$

に書いておく．そして $v_1, \cdots, v_n$ はその 1 階導関数が n 元連立 1 次方程式

$$\begin{aligned} y_1^{(j)} v_1' + y_2^{(j)} v_2' + \cdots + y_n^{(j)} v_n' &= 0 \\ (j = 0, 1, \cdots, n-2&), \\ y_1^{(n-1)} v_1' + y_2^{(n-1)} v_2' + \cdots + y_n^{(n-1)} v_n' &= f \end{aligned} \tag{4.11}$$

を満足するように選ぶ．(4.10) を逐次微分していくと，(4.11) のおかげで y_k のほうだけが微分された形になる．すなわち

$$\begin{aligned} y^{(j)} &= y_1^{(j)} v_1 + y_2^{(j)} v_2 + \cdots + y_n^{(j)} v_n \\ (j &= 0, 1, \cdots, n-1), \\ y^{(n)} &= y_1^{(n)} v_1 + y_2^{(n)} v_2 + \cdots + y_n^{(n)} v_n + f \end{aligned} \tag{4.12}$$

を得る．(4.12) の第 1 式をまとめて $\boldsymbol{y}$ に対する式と見て，$\boldsymbol{p}$ との内積を作ると，

$$(\boldsymbol{p} \cdot \boldsymbol{y}) = (\boldsymbol{p} \cdot \boldsymbol{y}_1) v_1 + (\boldsymbol{p} \cdot \boldsymbol{y}_2) v_2 + \cdots + (\boldsymbol{p} \cdot \boldsymbol{y}_n) v_n \tag{4.13}$$

を得る．これと (4.12) の第 2 式とを加え，(4.5) すなわち $y_k^{(n)} + (\boldsymbol{p} \cdot \boldsymbol{y}_k) = 0$ を用いると，

$$y^{(n)} + (\boldsymbol{p} \cdot \boldsymbol{y}) = f \tag{4.14}$$

が得られる．すなわち y は (4.8) の解である．v_k' から v_k を作るときに任意定数 C_k がつくので，これは一般解である．

よく知られているように，連立 1 次代数方程式 (4.11) は「ク

ラメールの解法」によって解かれる。n 次元縦ベクトル $\boldsymbol{f} \equiv {}^{\mathrm{t}}(0,0,\cdots,0,f)$ を導入し,

$$W_k \equiv \det(\boldsymbol{y}_1,\cdots,\boldsymbol{y}_{k-1},\boldsymbol{f},\boldsymbol{y}_{k+1},\cdots,\boldsymbol{y}_n) \tag{4.15}$$

とおけば,

$$v'_k = \frac{W_k}{W} \tag{4.16}$$

となる。したがって,一般解は (4.9) から

$$y = \sum_{k=1}^{n} y_k \int dx \frac{W_k}{W} \tag{4.17}$$

である。例えば $n=2$ の場合は

$$y = -y_1 \int dx \frac{fy_2}{y_1 y'_2 - y_2 y'_1} + y_2 \int dx \frac{fy_1}{y_1 y'_2 - y_2 y'_1} \tag{4.18}$$

である。

定数係数同次線形微分方程式

以上の考察により n 階非同次線形微分方程式を解く問題は,n 階同次線形微分方程式の基本解系を求めることに帰着した。基本解系を求める一般的方法はないが,定数係数ならば可能である。つまり (4.1) において p_k がすべて定数の場合,すなわち

$$y^{(n)} + p_1 y^{(n-1)} + \cdots + p_{n-1} y' + p_n y = 0 \tag{4.19}$$

は基本解系が求められる。$y = e^{\alpha x}$ とおいて,これを (4.19) に代入し $e^{-\alpha x}$ を乗ずると,

$$\alpha^n + p_1 \alpha^{n-1} + \cdots + p_{n-1} \alpha + p_n = 0 \tag{4.20}$$

という α に関する n 次代数方程式が得られる。(4.20) を (4.19)

の**特性方程式**という．$\alpha = \alpha_k$ が特性方程式の解であれば，$y = e^{\alpha_k x}$ は (4.19) の特殊解である．したがって，もし (4.20) が重解をもたなければ，一般解は

$$y = C_1 e^{\alpha_1 x} + \cdots + C_n e^{\alpha_n x} \tag{4.21}$$

で与えられる．ただし，もちろん α_k は実数とは限らないから，実数表示がほしいときはオイラーの公式 [1 章 (7.3)] を使って三角関数に書き直す必要がある．例えば $y'' + a^2 y = 0$ の特性方程式の解は $\alpha = \pm ia$ だから，実数表示の一般解は $y = C_1 \cos(ax) + C_2 \sin(ax)$ となる．

(4.20) が重解をもつ場合は，極限をとればよい．例えば，$e^{\alpha_1 x}$ と $e^{\alpha_2 x}$ の $\alpha_2 \to \alpha_1$ の極限で $e^{\alpha_1 x}$ と一次独立なものは，

$$\lim_{\alpha_2 \to \alpha_1} \frac{e^{\alpha_2 x} - e^{\alpha_1 x}}{\alpha_2 - \alpha_1} = \frac{\partial e^{\alpha_1 x}}{\partial \alpha_1} = x e^{\alpha_1 x} \tag{4.22}$$

である．同様にして，m 重解の一次独立なものは $e^{\alpha_1 x}, x e^{\alpha_1 x}, \cdots, x^{m-1} e^{\alpha_1 x}$ である．したがって一般解は，α_k が m_k 重の解であるとすれば，$m_k - 1$ 次の任意多項式 $P_k(x)$ を用いて，

$$y = P_1(x) e^{\alpha_1 x} + \cdots + P_l(x) e^{\alpha_l x} \tag{4.23}$$

と書ける．ただし $\sum_{k=1}^{l} m_k = n$ とする．

定数係数非同次線形微分方程式の解の計算は，後の節（第 3 章 1 節）で述べる「演算子法」を用いるのが実用的である．

5　2 階線形微分方程式

2 階線形微分方程式は応用上極めて重要である．係数関数も解もべき級数に展開して，べきの低いところから順次解のべき展開の係数を決めていけば，機械的に解を求めることができる．

一般にべき級数の収束半径は，展開の中心から最も近い特異点までの距離になるので，正則点を展開の中心にするより，ローラン展開のように特異性を考慮したうえで，孤立特異点を中心として展開を考えたほうが具合がよい．

係数関数の基本解系による表示

2 階同次線形微分方程式

$$y'' + p_1(x)y' + p_2(x)y = 0 \tag{5.1}$$

の基本解系を $\{y_1, y_2\}$ とする．係数関数 $p_1(x)$, $p_2(x)$ は，逆に基本解系でもって書き表すことができる．その表示式はあとで必要になるのでここで前もって与えるが，(5.5) と (5.6) だけを横目でにらんでおいて，その導出の詳細はスキップしてもよい．

仮定から

$$\begin{aligned} y_1'' + p_1 y_1' + p_2 y_1 &= 0, \\ y_2'' + p_1 y_2' + p_2 y_2 &= 0 \end{aligned} \tag{5.2}$$

である．(5.2) の第 1 式に y_2 を乗じ，第 2 式に y_1 を乗じて両者の差を作ると，p_2 が消去されるから，

$$p_1 = -\frac{y_1 y_2'' - y_2 y_1''}{y_1 y_2' - y_2 y_1'} = -\frac{W'}{W} = -\frac{d}{dx}\log W \tag{5.3}$$

を得る．ここに W はロンスキアンである．この式は (4.7) の $n=2$ の場合に他ならない．ロンスキアンは商の微分公式 [1 章 (4.5)] により，

$$W = y_1 y_2' - y_2 y_1' = y_1^2 \frac{d}{dx}\left(\frac{y_2}{y_1}\right) \tag{5.4}$$

と書けるので，(5.3) から

第 2 章 微分方程式

$$p_1 = -\frac{d}{dx}\log\left[y_1^2 \frac{d}{dx}\left(\frac{y_2}{y_1}\right)\right]$$
$$= -2\frac{d\log y_1}{dx} - \frac{d}{dx}\log\left[\frac{d}{dx}\left(\frac{y_2}{y_1}\right)\right] \quad (5.5)$$

となる．こうして p_1 を $(d/dx)\log(*)$ という形の量のみで表すことができた．ここに $(*)$ は y_1 もしくは比 y_2/y_1 の導関数である．

p_1 を既知とすれば，p_2 は (5.2) の第 1 式から，

$$\begin{aligned}p_2 &= -\frac{y_1''}{y_1} - p_1\frac{y_1'}{y_1} \\ &= -\frac{d}{dx}\left(\frac{d\log y_1}{dx}\right) - \left(\frac{d\log y_1}{dx}\right)^2 - p_1\frac{d\log y_1}{dx}\end{aligned} \quad (5.6)$$

となる．

確定特異点

x を複素変数とし，y をその解析関数 $y(x)$ として考察する．係数関数 $p_1(x)$, $p_2(x)$ は，$x = a$ の適当な近傍 D 内において，$x = a$ を除き 1 価正則とする．このとき，(5.1) は

$$y_1(x) = (x-a)^\rho \phi(x) \quad (5.7)$$

という形の解をもつ．ここに $\phi(x)$ は $\phi(a) \neq 0$ で，D において正則な関数である．ρ は整数とは限らないので，一般に $x = a$ は $y_1(x)$ の分岐点である．これは次のようにして示される．

(5.1) の 1 つの基本解系をいま $\{\tilde{y}_1, \tilde{y}_2\}$ とする．これを $x = a$ を中心として正方向に 1 回転解析接続する．もし $x = a$ が分岐点でなければこの形は不変だが，分岐点だったら一般に基本解系は変化するであろう．それをもとの基本解系で表示すると，

$$\{\alpha_{11}\tilde{y}_1 + \alpha_{12}\tilde{y}_2,\ \alpha_{21}\tilde{y}_1 + \alpha_{22}\tilde{y}_2\} \tag{5.8}$$

のようになるはずである．そこでいわゆる「主軸変換」を行ってこの変換を対角化することを考える．すなわち，同時にはゼロでない c_1, c_2 を導入し，

$$\begin{aligned} c_1\alpha_{11} + c_2\alpha_{21} &= c_1\lambda, \\ c_1\alpha_{12} + c_2\alpha_{22} &= c_2\lambda \end{aligned} \tag{5.9}$$

となるように決める．固有値 λ は

$$\begin{vmatrix} \alpha_{11} - \lambda & \alpha_{21} \\ \alpha_{12} & \alpha_{22} - \lambda \end{vmatrix} = (\alpha_{11}-\lambda)(\alpha_{22}-\lambda) - \alpha_{21}\alpha_{12} = 0 \tag{5.10}$$

によって決まる．そこで

$$y_1 \equiv c_1\tilde{y}_1 + c_2\tilde{y}_2 \tag{5.11}$$

とおけば，上の解析接続により y_1 は

$$c_1(\alpha_{11}\tilde{y}_1 + \alpha_{12}\tilde{y}_2) + c_2(\alpha_{21}\tilde{y}_1 + \alpha_{22}\tilde{y}_2) = \lambda(c_1\tilde{y}_1 + c_2\tilde{y}_2) \tag{5.12}$$

に移る．すなわち

$$y_1 \mapsto \lambda y_1 \tag{5.13}$$

となる．したがって y_1 は (5.7) のような分岐点をもつことがわかる．ただし $(x-a)^\rho = \exp[\rho \log(x-a)]$ からわかるように，

$$\lambda = \exp(2\pi i \rho) \tag{5.14}$$

である．（証明終）

(5.10) は 2 次方程式だから，もう 1 つ解がある．それを λ'

としよう.もし $\lambda' \neq \lambda$ だったならば,

$$y_2(x) = (x-a)^{\rho'}\varphi(x) \tag{5.15}$$

のような y_1 と一次独立な解が存在する.ただし

$$\lambda' = \exp(2\pi i \rho') \tag{5.16}$$

とおいた.また $\varphi(x)$ は $\varphi(a) \neq 0$ で, D で正則とする.$\{y_1, y_2\}$ は (5.1) の基本解系である.(5.10) が重解をもつ場合は,(4.22) でやったように,y_1 の λ に関する偏微分係数を考えればよい.そうすると,y_1 と一次独立な解は,

$$y_2(x) = y_1(x)\bigl(h\log(x-a) + \psi(x)\bigr) \tag{5.17}$$

のような形に書ける(h は定数,$\psi(x)$ は正則関数).さてここで本節の冒頭に書いた結果を用いる.(5.7) と (5.15)[もしくは (5.17)] を (5.5) に代入すれば,$(d/dx)\log(*)$ という演算のおかげで $p_1(x)$ は $x=a$ においてたかだか 1 位の極をもつことがわかる.さらに (5.6) に代入すれば,$p_2(x)$ の極はあったとしてもせいぜい 2 位の極であることがわかる.

 $(x-a)$ の適当なべき乗を乗ずればその近傍で有界にできる孤立特異点 $x=a$ を**確定特異点**という.上の考察から,$x=a$ が (5.1) の一般解の確定特異点ならば,$q(x) \equiv (x-a)p_1(x)$ および $r(x) \equiv (x-a)^2 p_2(x)$ は $x=a$ の近傍 D で正則であることがわかった.このとき (5.1) は

$$(x-a)^2 y'' + (x-a)q(x)y' + r(x)y = 0 \tag{5.18}$$

と書くことができる.

級数展開による解法

 微分方程式 (5.18) は確定特異点 $x=a$ での級数展開により解

くことができる．$q(x)$, $r(x)$ は正則関数であるから，テイラー展開ができる．これを

$$q(x) = \sum_{n=0}^{\infty} b_n (x-a)^n,$$
$$r(x) = \sum_{n=0}^{\infty} c_n (x-a)^n \tag{5.19}$$

とする．また (5.7) から，

$$y(x) = \sum_{n=0}^{\infty} \alpha_n (x-a)^{\rho+n} \qquad (\alpha_0 \neq 0) \tag{5.20}$$

のような解が存在するはずである．これらを (5.18) に代入すると，

$$\sum_{n=0}^{\infty} A_n (x-a)^{\rho+n} = 0 \tag{5.21}$$

のような式が得られる．ただし，A_n は添え字の和が n になるような項の総和である．(5.21) から

$$A_n = 0 \quad (n = 0, 1, 2, \cdots) \tag{5.22}$$

でなければならない．

A_n を具体的に書き下してみよう．まず，

$$\begin{aligned}A_0 &\equiv \rho(\rho-1)\alpha_0 + b_0 \rho \alpha_0 + c_0 \alpha_0 \\ &= (\rho^2 + (b_0-1)\rho + c_0)\alpha_0 = 0\end{aligned} \tag{5.23}$$

である．これは ρ に関する 2 次代数方程式で，ρ を決定するので**決定方程式**という．(5.23) の解は

$$\rho = \frac{-b_0 + 1 \pm \sqrt{D}}{2}, \quad D \equiv (b_0-1)^2 - 4c_0 \tag{5.24}$$

である．決定方程式の 2 つの解は，固有方程式 (5.10) の 2 つの解に対応するものである．(5.14) のような対応関係なので，(5.23) の 2 つの解の差（すなわち判別式 D の平方根）が整数の場合は特別な注意が必要になる．$D > 0$ のとき複号のプラスを選んだ解を ρ_1，マイナスを選んだ解を ρ_2 とする．とくに区別を指定する必要のない状況では，たんに ρ としておく．決定方程式のどちらかの解を選んだとして，次に進もう．

$$A_1 \equiv (\rho+1)\rho\alpha_1 + (b_1\rho\alpha_0 + b_0(\rho+1)\alpha_1) + (c_1\alpha_0 + c_0\alpha_1)$$
$$= (\rho^2 + (b_0+1)\rho + b_0 + c_0)\alpha_1 + (b_1\rho + c_1)\alpha_0 = 0$$
(5.25)

において，α_1 の係数は (5.23) を使うと $2\rho + b_0$ になる．さらに (5.24) によりそれは $1 \pm \sqrt{D}$ に等しい．したがって，それが 0 になるのは $D = 1$ の場合の ρ_2 のみである．それ以外では

$$\alpha_1 = -\frac{b_1\rho + c_1}{2\rho + b_0}\alpha_0 \qquad (5.26)$$

と決まる．

同様にして，

$$A_2 \equiv (\rho^2 + (b_0+3)\rho + 2b_0 + c_0 + 2)\alpha_2$$
$$+ (b_1(\rho+1) + c_1)\alpha_1 + (b_2\rho + c_2)\alpha_0 = 0$$
(5.27)

における α_2 の係数は，(5.23) を使うと $2(2\rho + b_0 + 1)$ になる．さらに (5.24) により，それは $D = 4$ の場合の ρ_2 を除いて 0 にならない．したがってそれ以外では α_2 は既知な量によって表される．

一般に，A_n における α_n の係数は，(5.23) と (5.24) を用いて，

$$\begin{aligned}
\frac{\partial A_n}{\partial \alpha_n} &= (\rho+n)(\rho+n-1) + b_0(\rho+n) + c_0 \\
&= \rho^2 + (b_0 + 2n - 1)\rho + nb_0 + c_0 + n(n-1) \\
&= n(2\rho + b_0 + n - 1) \\
&= n(n \pm \sqrt{D}) \qquad (5.28)
\end{aligned}$$

となる.したがって,結局,ρ_1 についてはつねにすべての α_n が決定されるが,ρ_2 については D が平方数でなければすべての α_n が決定される.すなわち $\rho_1 - \rho_2 = \sqrt{D}$ が整数でなければ,一次独立な 2 つの解が得られたが,それが整数の場合には以上の考察からでは ρ_1 に対応する 1 つの解 y_1 しか得られないことがわかる.

決定方程式の 2 つの解が整数差の場合

この場合に基本解系を級数展開で求める方法は**フロベニウス法**として知られているが,かなり複雑になる.上に述べたように,この場合は固有方程式 (5.10) が重解をもつ場合であるから,y_2 は (5.17) のような形に書けるはずである.

b_0 または c_0 を微小量 ε だけ変えた微分方程式を考える.このときはもちろん $\sqrt{D}$ は整数ではなくなるから,上述の方法で基本解系 $\{y_1(\varepsilon), y_2(\varepsilon)\}$ が構成される.$\varepsilon = 0$ の場合は (5.20) の形の解は 1 つしか作れなかったのだから,$\varepsilon \to 0$ で係数を除き両方の解は一致しなければならない.そこで $\varepsilon \to 0$ で無限大になる係数 $C_1(\varepsilon)$, $C_2(\varepsilon)$ を適当に選んで,

$$y_2 \equiv \lim_{\varepsilon \to 0} \bigl(C_1(\varepsilon) y_1(\varepsilon) - C_2(\varepsilon) y_2(\varepsilon)\bigr) \qquad (5.29)$$

が存在するようにすれば,y_1 とは独立な解 y_2 が得られるはずである.

6 特殊関数

　第1章9節で述べたオイラーのガンマ関数やベータ関数は，いわばパラメータの関数である．つまり積分表示で定義されるとはいえ，積分変数とは関係のない変数の関数である．このような関数でよく知られたものとしては，数論の中心問題となっているリーマンの**ゼータ関数** $\zeta(s) \equiv \sum_{n=1}^{\infty} n^{-s}$ がある．しかし，ほとんどの特殊関数は微分方程式の解として定義される．

超幾何微分方程式

　無限遠点まで込めて，すべての特異点が確定特異点であるような微分方程式を**フックス型微分方程式**という．前節に述べたようにそれは (5.20) のような広義のべき展開で解を求められるから，特殊関数を広義のべき級数で定義したということになる．そのような関数で最も重要なのが，ガウスの超幾何関数である．

　超幾何微分方程式は，通常

$$x(1-x)y'' + (c - (a+b+1)x)y' - aby = 0 \quad (6.1)$$

という形に書かれる．パラメータ a, b の入れ方は，あとで都合がよいからである．式から明らかに $x=0$ と $x=1$ は確定特異点であるが，そのほかに無限大，すなわち $x=\infty$ も確定特異点になっている．それは，$1/x = u$ とおき独立変数 u の微分方程式にして，$u=0$ での係数関数の解析性を見ればわかる．つまり (6.1) は3つの確定特異点 $\{0, 1, \infty\}$ によって特徴づけられる微分方程式である．独立なパラメータが3つ入っていることは，これに呼応しているといえる．もちろん，**リーマンの微**

分方程式のように3つの確定特異点をもち，8個の独立なパラメータを含む微分方程式が存在するが，それは簡単な変換により超幾何微分方程式に帰着させられる．

超幾何関数

前節の一般論でやったように，(5.20) すなわち

$$y(x) = \sum_{n=0}^{\infty} \alpha_n (x-a)^{\rho+n} \quad (\alpha_0 \neq 0) \tag{6.2}$$

とおいて，(6.1) を解こう．(6.2) を (6.1) に代入すると，

$$\sum_{n=0}^{\infty} \big[(\rho+n)(\rho+n-1)\alpha_n (x^{\rho+n-1} - x^{\rho+n}) \\ + (\rho+n)\alpha_n (cx^{\rho+n-1} - (a+b+1)x^{\rho+n}) \\ - ab\alpha_n x^{\rho+n} \big] = 0 \tag{6.3}$$

となる．

$x^{\rho-1}$ の係数から，決定方程式

$$\rho(\rho - 1 + c) = 0 \tag{6.4}$$

を得る．したがって，$\rho = 0$ または $\rho = 1-c$ である．$x^{\rho+n}$ ($n \geq 0$) の係数から，漸化式

$$(\rho+n+1)(\rho+n+c)\alpha_{n+1} - ((\rho+n)(\rho+n-1+a+b+1)+ab)\alpha_n = 0 \tag{6.5}$$

を得る．

$\rho = 0$ の場合は，$c \neq 0, -1, -2, \cdots$ と仮定して，

$$\alpha_{n+1} = \frac{n(n+a+b)+ab}{(n+1)(n+c)} \alpha_n = \frac{(a+n)(b+n)}{(c+n)(n+1)} \alpha_n \tag{6.6}$$

となる．記号

$$(\lambda)_n \equiv \lambda(\lambda+1)\cdots(\lambda+n-1) = \frac{\Gamma(\lambda+n)}{\Gamma(\lambda)} \quad (6.7)$$

を導入すれば，$\alpha_0 = 1$ と規格化して，(6.6) の解は

$$\alpha_n = \frac{(a)_n (b)_n}{(c)_n \, n!} \quad (6.8)$$

となる．したがって，(6.1) の特殊解

$$\begin{aligned} y_1 = F(a, b, ; c; x) &\equiv \sum_{n=0}^{\infty} \frac{(a)_n (b)_n}{(c)_n \, n!} x^n \\ &= \sum_{n=0}^{\infty} \frac{\Gamma(a+n)\Gamma(b+n)\Gamma(c)}{\Gamma(a)\Gamma(b)\Gamma(c+n)\,n!} x^n \end{aligned} \quad (6.9)$$

を得る．右辺の級数を**超幾何級数**，超幾何級数によって定義される解析関数 $F(a, b, ; c; x)$ をガウスの**超幾何関数**という．定義から明らかなように，$F(a, b, ; c; x)$ は a と b について対称で，その導関数は $(ab/c)F(a+1, b+1, ; c+1; x)$ である．また (6.7) から明らかなように整数 m に対し $(-m)_n = 0 \ (n > m)$ なので，a または b が $-m$ のときは超幾何級数は有限級数になり，超幾何関数は m 次多項式に帰着する．

なお，$F(a, b, ; c; x)$ の代わりに，$(\lambda)_n$ のような因子が分子に 2 個，分母に 1 個あることを明示するため，$_2F_1(a, b, ; c; x)$ のように書くこともある．それは一般化された超幾何級数 $_pF_q(a_1, \cdots, a_p; c_1, \cdots, c_q; x)$ を導入することがあるからである．ちなみに，$_0F_0(x) \equiv e^x$，$_1F_0(a; x) \equiv (1-x)^{-a}$ である．

さて，(6.1) のもう 1 つの特殊解に進もう．今度は $\rho = 1 - c$ であるから，それを (6.5) に代入すると，

$$\alpha_{n+1} = \frac{(a-c+n+1)(b-c+n+1)}{(-c+n+2)(n+1)}\alpha_n \quad (6.10)$$

となる.ゆえに,

$$\alpha_n = \frac{(a-c+1)_n(b-c+1)_n}{(-c+2)_n\, n!} \quad (6.11)$$

を得る.ただし,$c = 2, 3, \cdots$ のときは分母が 0 になるので除外する.したがって,第 2 の特殊解は

$$y_2 = x^{1-c}F(a-c+1, b-c+1, ;-c+2; x) \quad (6.12)$$

である.ただし,$c=1$ ならばこれは y_1 と一致するので,独立な解にはならない.結局 c が整数でないならば,(6.9) と (6.12) とによって (6.1) の基本解系が与えられる.c が整数の場合の基本解系を求めるのはかなり面倒なので省略する(ただし (6.21) 参照).

超幾何関数の積分表示

さて,$x=0$ に最も近い特異点は $x=1$ であることからもわかるように,超幾何級数 (6.9) の収束半径は $R=1$ である.$|x| \geqq 1$ における超幾何関数を見るには,解析接続しなければならない.そのために,超幾何関数の積分表示を作ってみよう.まずベータ関数の公式 [1 章 (9.12), (9.13)] から,

$$\int_0^1 dt\, t^{b+n-1}(1-t)^{c-b-1} = \frac{\Gamma(b+n)\Gamma(c-b)}{\Gamma(c+n)} \quad (6.13)$$

である(ただし $\Re c > \Re b > 0$).2 項展開の公式から,

$$(1-tx)^{-a} = \sum_{n=0}^{\infty} \frac{\Gamma(a+n)}{\Gamma(a)\, n!} t^n x^n \quad (6.14)$$

であるが,これの両辺に $t^{b-1}(1-t)^{c-b-1}$ を乗じて 0 から 1 ま

で積分すれば，(6.13) により

$$\int_0^1 dt\, t^{b-1}(1-t)^{c-b-1}(1-tx)^{-a}$$
$$= \sum_{n=0}^{\infty} \frac{\Gamma(a+n)\Gamma(b+n)\Gamma(c-b)}{\Gamma(a)\Gamma(c+n)\,n!} x^n \quad (6.15)$$

を得る．これを超幾何級数の定義式 (6.9) と比較すれば，積分表示

$$F(a, b, ; c\,; x) = \frac{\Gamma(c)}{\Gamma(b)\Gamma(c-b)}$$
$$\times \int_0^1 dt\, t^{b-1}(1-t)^{c-b-1}(1-tx)^{-a} \quad (6.16)$$

が得られる．この式は $|x|<1$ として導いたが，正実軸上 $x=1$ から $+\infty$ へのカットを除いて解析接続できる．$x=1$ は特異点であるが，そこでの値は計算できる．(6.16) で $x=1$ とおくと，ベータ関数の公式により，公式

$$F(a, b, ; c\,; 1) = \frac{\Gamma(c)\Gamma(c-a-b)}{\Gamma(c-a)\Gamma(c-b)} \quad (6.17)$$

が得られる．

(6.16) の積分は $\Re c > \Re b > 0$ という条件をつけておかないと収束しない．しかし，この条件は 1 章の (10.22), (10.23) で導入した Y 超関数を使うと撤廃できる．すなわち，(6.16) を b, c について解析接続した式は，

$$F(a, b, ; c\,; x) = \Gamma(c)\int_{-\infty}^{+\infty} dt\, Y_b(t) Y_{c-b}(1-t)(1-tx)^{-a} \quad (6.18)$$

で与えられる．さらに，(6.9) の解では $c = 0, -1, -2, \cdots$ の

ときを除外したが，(6.18) の係数 $\Gamma(c)$ を捨てて積分の部分だけをとれば，それらの場合を除外する必要がなくなる．例えば，(6.18) で $b=1$, $c \to 0$ とすると，1章の (10.23) により，

$$\lim_{c \to 0} \frac{F(a, 1, ; c; x)}{\Gamma(c)} = \int_0^1 dt\, \delta'(1-t)(1-tx)^{-a}$$
$$= ax(1-x)^{-a-1} \quad (6.19)$$

となる．この結果は (6.12) から得られる解

$$xF(a+1, 2; 2; x) = x(1-x)^{-(a+1)} \quad (6.20)$$

と（係数を無視して）一致している．

c が整数 n のときは係数を除いて y_1, y_2 両方の式が一致するので，独立な解は c について偏微分してから $c=n$ にすれば得られる．すなわち

$$\int_{-\infty}^{+\infty} dt\, Y_b(t) \left[\frac{\partial}{\partial c} Y_{c-b}(1-t)\right]_{c=n} (1-tx)^{-a} \quad (6.21)$$

が独立な解になる．

なお以上の考察は，a と b についての対称性により，両者を入れ替えても成立する．

ルジャンドルの微分方程式

3次元における微分方程式を極座標で考えるときに重要になるのが，**ルジャンドル関数**である．それは**ルジャンドルの微分方程式**

$$(1-z^2)\frac{d^2y}{dz^2} - 2z\frac{dy}{dz} + \nu(\nu+1)y = 0 \quad (6.22)$$

の解として定義される．ここに ν はパラメータである．z は極座標の方位角 θ と $z = \cos\theta$ という関係にあるので，主として

$-1 \leqq z \leqq 1$ の区間で考えることが多い.

(6.22) で $\frac{1}{2}(1-z) = x$ と変数変換すれば,

$$x(1-x)y'' + (1-2x)y' + \nu(\nu+1)y = 0 \qquad (6.23)$$

という $a = -\nu, b = \nu+1, c = 1$ の超幾何微分方程式になる. したがって, (6.9) から

$$P_\nu(z) = F\bigl(-\nu, \nu+1; 1; \tfrac{1}{2}(1-z)\bigr) \qquad (6.24)$$

と表される. この $P_\nu(z)$ をとくに「第1種ルジャンドル関数」という. 超幾何関数の対称性により

$$P_\nu(z) = P_{-\nu-1}(z) \qquad (6.25)$$

が成り立つ. $c = 1$ であるため, (6.12) はこれと同じになる. 独立な解は, 別の確定特異点 $x = 1$ に対応する解 $P_\nu(-z)$ で与えられる. じっさい, もし ν が整数でなければ, (6.17) からわかるように $P_\nu(-1)$ は無限大になって, $P_\nu(z)$ と $P_\nu(-z)$ は特異点の位置 ($z = -1$ と $z = +1$) が同じでないから独立な解である. しかし, ν が整数のときには, これらは独立ではなくなる. あとで述べるように, $\nu = n = 0, 1, 2, \cdots$ に対し, $P_n(-z) = (-1)^n P_n(z)$ である (ν が負の整数のときは (6.25) により 0 または正の整数の場合に帰着). そこで「第2種ルジャンドル関数」を

$$Q_\nu(z) \equiv \frac{\pi}{2} \cdot \frac{\cos(\nu\pi) \cdot P_\nu(z) - P_\nu(-z)}{\sin(\nu\pi)} \qquad (6.26)$$

のように導入する. ただし ν が整数値 n のときは $\nu \to n$ の極限で定義するものとする.

ルジャンドル多項式

$\nu = n$ のとき $P_n(z)$ は n 次の多項式になる. $z = 1 - 2x$ と

するとき,定義から

$$P_n(z) = \sum_{k=0}^{n} \frac{(-n)_k (n+1)_k}{(1)_k \, k!} x^k = \sum_{k=0}^{n} \frac{(-1)^k (n+k)!}{(n-k)! \, (k!)^2} x^k \tag{6.27}$$

である.これを**ルジャンドル多項式**という.ルジャンドル多項式は,直接 z で書いた便利な表示式

$$P_n(z) = \frac{1}{2^n n!} \left(\frac{d}{dz}\right)^n (z^2 - 1)^n \tag{6.28}$$

がある.これはルジャンドル多項式の**ロドリーグの公式**とよばれている[*5].

ルジャンドル多項式のロドリーグの公式 (6.28) を証明しておこう.証明の方針は2項定理を逆向きに使うことである.(6.27) の右辺は

$$\begin{aligned}
\sum_{k=0}^{n} \frac{(-1)^k (n+k)!}{(n-k)! \, (k!)^2} x^k &= \frac{1}{n!} \sum_{k=0}^{n} (-1)^k \frac{n!}{k!(n-k)!} \cdot \frac{(n+k)!}{k!} x^k \\
&= \frac{1}{n!} \sum_{k=0}^{n} (-1)^k {}_n C_k \left(\frac{d}{dx}\right)^n x^{n+k} \\
&= \frac{1}{n!} \left(\frac{d}{dx}\right)^n \left(x^n \sum_{k=0}^{n} {}_n C_k (-x)^k\right) \\
&= \frac{1}{n!} \left(\frac{d}{dx}\right)^n \left(x(1-x)\right)^n
\end{aligned} \tag{6.29}$$

と変形される.$dx = -\frac{1}{2}dz$, $x(1-x) = \frac{1}{4}(1-z^2)$ なので,こ

[*5] 一般に「直交多項式」とよばれる特殊な n 次多項式には,簡単な関数の n 階導関数でもって表す公式が存在する.それを「ロドリーグの公式」,もしくは Rodrigues をスペイン語読みして「ロドリゲスの公式」という.

れは (6.28) の右辺に等しい．（証明終）

(6.28) からわかるように，$P_n(z)$ は，n が偶数のとき z の偶関数，奇数のとき奇関数である．すなわち，

$$P_n(-z) = (-1)^n P_n(z) \tag{6.30}$$

である．このことは (6.26) で用いた．

念のため，$P_n(z)$ が $\nu = n$ のルジャンドルの微分方程式を満たすこと，すなわち

$$\left((z^2-1)\frac{d^2}{dz^2} + 2z\frac{d}{dz} - n(n+1)\right)P_n(z) = 0 \tag{6.31}$$

をロドリーグの公式を使って確認しておこう．そのために，

$$A \equiv \left(\frac{d}{dz}\right)^{n+1}\left[(z^2-1)\frac{d}{dz}(z^2-1)^n\right] \tag{6.32}$$

という量を 2 通りの方法で計算する．まず角括弧内のほうの微分を遂行してから高階導関数のライプニッツ規則 [1 章 (4.9)] を適用すると，

$$\begin{aligned}
A &= \left(\frac{d}{dz}\right)^{n+1}\left(2nz(z^2-1)^n\right) \\
&= 2nz\left(\frac{d}{dz}\right)^{n+1}(z^2-1)^n + 2n(n+1)\left(\frac{d}{dz}\right)^n(z^2-1)^n
\end{aligned} \tag{6.33}$$

である．他方，最初から角括弧外の微分を 1 章 (4.9) に従って遂行すると，

$$\begin{aligned}
A &= (z^2-1)\left(\frac{d}{dz}\right)^{n+2}(z^2-1)^n \\
&\quad + 2(n+1)z\left(\frac{d}{dz}\right)^{n+1}(z^2-1)^n + n(n+1)\left(\frac{d}{dz}\right)^n(z^2-1)^n
\end{aligned} \tag{6.34}$$

を得る．(6.34) から (6.33) を引けば，

$$(z^2-1)\Big(\frac{d}{dz}\Big)^{n+2}(z^2-1)^n + 2z\Big(\frac{d}{dz}\Big)^{n+1}(z^2-1)^n$$
$$- n(n+1)\Big(\frac{d}{dz}\Big)^n (z^2-1)^n = 0 \tag{6.35}$$

となる．これは (6.31) の $P_n(z)$ にロドリーグの公式 (6.28) を代入したものに他ならない．(証明終)

ベッセルの微分方程式

応用上非常に重要な関数として，**ベッセル関数**がある．ベッセル関数はまた**円柱関数**ともいわれるように，波動方程式を円柱座標で考察するとき，動径方向を記述する関数として現れる．三角関数は減衰しない波を記述するが，ベッセル関数は遠くへいくに従って減衰していく波を記述する．

ベッセル関数が従う微分方程式が**ベッセルの微分方程式**である．それは，パラメータを ν とするとき，

$$x^2 y'' + x y' + (x^2 - \nu^2) y = 0 \tag{6.36}$$

で与えられる．特異点は $x=0$ と $x=\infty$ の 2 つだけである．そして $x=0$ のみが確定特異点になっている．

ベッセルの微分方程式 (6.36) を $x=0$ でのべき展開

$$y = \sum_{n=0}^{\infty} \alpha_n x^{\rho+n} \tag{6.37}$$

で解こう．これを (6.36) に代入すると，

$$\sum_{n=0}^{\infty} \big((\rho+n)(\rho+n-1) + (\rho+n) - \nu^2\big)\alpha_n x^{\rho+n}$$
$$+ \sum_{n=0}^{\infty} \alpha_n x^{\rho+n+2} = 0 \tag{6.38}$$

を得る．整理すると，

$$\sum_{n=0}^{\infty} \bigl((\rho+n)^2 - \nu^2\bigr)\alpha_n x^n + \sum_{n=2}^{\infty} \alpha_{n-2} x^n = 0 \quad (6.39)$$

となる．したがって，

$$\begin{aligned}
(\rho^2 - \nu^2)\alpha_0 &= 0 \quad (\alpha_0 \neq 0), \\
\bigl((\rho+1)^2 - \nu^2\bigr)\alpha_1 &= 0, \\
\bigl((\rho+n)^2 - \nu^2\bigr)\alpha_n + \alpha_{n-2} &= 0 \quad (n=2,3,\cdots)
\end{aligned} \quad (6.40)$$

でなければならない．(6.40) の第 1 式は決定方程式で，その解は $\rho = \nu$ および $\rho = -\nu$ である．

$\rho = \nu$ の場合，(6.40) の第 2 式，第 3 式はそれぞれ

$$\begin{aligned}
(2\nu+1)\alpha_1 &= 0, \\
n(2\nu+n)\alpha_n &= -\alpha_{n-2} \quad (n=2,3,\cdots)
\end{aligned} \quad (6.41)$$

となる．(6.41) の第 1 式から，$\nu \neq -1/2$ なる限り[*6]，$\alpha_1 = 0$ でなければならない．これを第 2 式に入れると n が奇数ならば $\alpha_n = 0$ であることがわかる．つまり偶数の場合のみが生き残る．そこで $n = 2m$ とおけば，(6.41) の第 2 式は，ν が負の整数でないとき，

$$\alpha_{2m} = -\frac{\alpha_{2m-2}}{(2m)(2\nu+2m)} = \frac{-\alpha_{2(m-1)}}{2^2 m(\nu+m)} \quad (6.42)$$

となる．したがって，

$$\alpha_{2m} = \frac{(-1)^m \alpha_0}{2^{2m} m! \cdot (\nu+1)_m} \quad (6.43)$$

[*6] $\nu = -1/2$ の場合は $y = v/\sqrt{x}$ と変数変換すると，(6.36) は $v'' + v = 0$ に帰着する．すなわち解は三角関数で書ける．

と求まる．ゆえに解は

$$y_1 = \alpha_0 \sum_{m=0}^{\infty} \frac{(-1)^m}{2^{2m} m! \, (\nu+1)_m} x^{\nu+2m} \tag{6.44}$$

である．

ベッセル関数

(6.44) で $\alpha_0 = 2^{-\nu}/\Gamma(\nu+1)$ とおいたものを，「第1種ベッセル関数」といい，$J_\nu(x)$ と書く．すなわち

$$J_\nu(x) \equiv \sum_{m=0}^{\infty} \frac{(-1)^m}{m! \, \Gamma(\nu+m+1)} \left(\frac{x}{2}\right)^{\nu+2m}. \tag{6.45}$$

大きな m に対し係数の絶対値は $1/(m!)^2$ のように振る舞うから，もちろんそのべき級数の収束半径は無限大である．このことは，原点以外に有限な特異点がないことからも当然である．

$\rho = -\nu$ の解は，もちろん (6.45) の ν を $-\nu$ に変えた式で与えられる．ν が整数でない限り，両者は明らかに独立である．整数の場合はあとで考察する．

(6.45) から，次の関係式が得られる．

$$\begin{aligned}\frac{d}{dx}\big(x^{-\nu} J_\nu(x)\big) &= -x^{-\nu} J_{\nu+1}(x), \\ \frac{d}{dx}\big(x^{\nu} J_\nu(x)\big) &= x^{\nu} J_{\nu-1}(x).\end{aligned} \tag{6.46}$$

この第1式の証明は次のようになる．まず，項別微分により

$$x^\nu \frac{d}{dx}\big(x^{-\nu} J_\nu(x)\big) = \sum_{m=1}^{\infty} \frac{(-1)^m}{(m-1)! \, \Gamma(\nu+m+1)} \left(\frac{x}{2}\right)^{\nu+2m-1} \tag{6.47}$$

を得る．この右辺で $m = n+1$ と書き換えると，

$$x^\nu \frac{d}{dx}\left(x^{-\nu} J_\nu(x)\right) = \sum_{n=0}^{\infty} \frac{(-1)^{n+1}}{n!\, \Gamma(\nu+1+n+1)} \left(\frac{x}{2}\right)^{\nu+1+2n} \tag{6.48}$$

となる．(6.45) と比較すれば，(6.48) の右辺は $-J_{\nu+1}(x)$ に等しいことがわかる．（証明終）

第 2 式の証明はより簡単で，$\Gamma(\nu+m+1) = (\nu+m)\Gamma(\nu+m)$ を使えばよい．

(6.46) をライプニッツ規則に従って書き換えれば，

$$\begin{aligned} x\frac{dJ_\nu(x)}{dx} - \nu J_\nu(x) &= -x J_{\nu+1}(x), \\ x\frac{dJ_\nu(x)}{dx} + \nu J_\nu(x) &= x J_{\nu-1}(x) \end{aligned} \tag{6.49}$$

となる．これらの式の和，差をとると，よく使われるベッセル関数の漸化式

$$\begin{aligned} 2\frac{dJ_\nu(x)}{dx} &= J_{\nu-1}(x) - J_{\nu+1}(x), \\ \frac{2\nu}{x} J_\nu(x) &= J_{\nu-1}(x) + J_{\nu+1}(x) \end{aligned} \tag{6.50}$$

が得られる．

さて，ν が整数の場合の話に戻ろう．ν が 0 または正の整数 n ならば，(6.45) から

$$J_n(x) = \sum_{m=0}^{\infty} \frac{(-1)^m}{m!\,(n+m)!} \left(\frac{x}{2}\right)^{n+2m} \tag{6.51}$$

である．ν が負の整数 $-n$ の場合は，$1/\Gamma(-n+m+1)$ が $m<n$ のとき 0 になるので，和は $m=n$ から始まって，

$$J_{-n}(x) = \sum_{m=n}^{\infty} \frac{(-1)^m}{m!\,(m-n)!} \left(\frac{x}{2}\right)^{-n+2m} \tag{6.52}$$

となる．$m - n = k$ と書き換えると，

$$J_{-n}(x) = \sum_{k=0}^{\infty} \frac{(-1)^{n+k}}{(n+k)!\,k!} \left(\frac{x}{2}\right)^{n+2k} \tag{6.53}$$

である．すなわち

$$J_{-n}(x) = (-1)^n J_n(x) \tag{6.54}$$

が成り立つ．これと (6.50) の第 1 式とから $J_1(x) = -J_0'(x)$ が得られ，(6.50) の第 2 式と組み合わせると，$J_0(x)$ さえ与えれば $J_n(x)$ を再構成できることがわかる．

ν が整数の場合も含めて第 1 種ベッセル関数と独立な「第 2 種ベッセル関数」を

$$N_\nu(x) \equiv \frac{\cos(\nu\pi)\,J_\nu(x) - J_{-\nu}(x)}{\sin(\nu\pi)} \tag{6.55}$$

で定義する．この関数は**ノイマン関数**[*7]ともよばれる．

ラゲールの微分方程式

ベッセルの微分方程式とよく似ていて，より簡単な**ラゲールの微分方程式**

$$xy'' + (1 - x)y' + \nu y = 0 \tag{6.56}$$

について考察する．

$$y = \sum_{n=0}^{\infty} \alpha_n x^{\rho+n} \tag{6.57}$$

とおいて (6.56) に代入すると，

[*7] ちなみに，このノイマンは 20 世紀の天才数学者 J. von Neumann とは別人の，19 世紀の数学者 K. G. Neumann である．

$$x^\rho \sum_{n=0}^{\infty} \left((\rho+n)^2 \alpha_n x^{n-1} + (-\rho - n + \nu)\alpha_n x^n\right) = 0$$
(6.58)

である．したがって，決定方程式は

$$\rho^2 = 0 \tag{6.59}$$

となる．すなわち $\rho = 0$ である．$n \geqq 1$ に対して，

$$n^2 \alpha_n + \bigl(-(n-1) + \nu\bigr)\alpha_{n-1} = 0 \tag{6.60}$$

であるから，$\alpha_0 = 1$ とすれば，

$$\alpha_n = \frac{(-\nu)_n}{(n!)^2} \tag{6.61}$$

となる．ゆえにラゲールの微分方程式の特殊解は，

$$y = \sum_{n=0}^{\infty} \frac{(-\nu)_n}{(n!)^2} x^n \tag{6.62}$$

である[*8]．(6.62) と独立な解の構成は省略する．

ラゲール多項式

$\nu = 0, 1, 2, \cdots$ ならば，(6.62) は有限次で切れる．すなわち，

$$L_n(x) \equiv \sum_{k=0}^{n} \frac{(-1)^k n!}{(n-k)!(k!)^2} x^k \tag{6.63}$$

は n 次の多項式である．これを**ラゲール多項式**という．ラゲール多項式は水素原子のシュレディンガー方程式の波動関数に現れることで知られる．構成から明らかなように，ラゲール多項

[*8] もし分母が $(n!)^2$ でなくて $n!$ だったら，$(1-x)^\nu$ のべき展開である．

式はラゲールの微分方程式 (6.56) を満たす．すなわち

$$xL_n''(x) + (1-x)L_n'(x) + nL_n(x) = 0 \tag{6.64}$$

である．

(6.63) から

$$xL_n'(x) = \sum_{k=0}^{n} k \cdot \frac{(-1)^k n!}{(n-k)!(k!)^2} x^k \tag{6.65}$$

であるが，$k = n - (n-k)$ と書いてみれば，(6.65) の右辺は $nL_n - nL_{n-1}$ に等しいことがわかる．すなわち

$$xL_n'(x) = n\bigl(L_n(x) - L_{n-1}(x)\bigr) \tag{6.66}$$

を得る．これを微分して (6.64) を代入し，整理すると，

$$-xL_n'(x) + n\bigl(L_n'(x) + L_n(x) - L_{n-1}'(x)\bigr) = 0 \tag{6.67}$$

となる．この第 1 項に (6.66) を代入すれば，

$$L_n'(x) + L_{n-1}(x) - L_{n-1}'(x) = 0 \tag{6.68}$$

となるが，これに x を乗じて再び (6.66) を代入し，整理すれば，漸化式

$$nL_n(x) = (2n-1-x)L_{n-1}(x) - (n-1)L_{n-2}(x) \tag{6.69}$$

を得る．

ラゲール多項式の**ロドリーグの公式**は

$$L_n(x) = \frac{e^x}{n!}\Bigl(\frac{d}{dx}\Bigr)^n (e^{-x} x^n) \tag{6.70}$$

である．証明は簡単である．高階導関数のライプニッツ規則 [1 章 (4.9)] を使って微分を遂行すれば，

$$\left(\frac{d}{dx}\right)^n (e^{-x} x^n) = \sum_{k=0}^{n} {}_nC_k (-1)^k e^{-x} \frac{n!}{k!} x^k \tag{6.71}$$

であるから，(6.70) の右辺は (6.63) の右辺に等しい．（証明終）

最後に，次節で用いるラゲール多項式の極限がベッセル関数になるという式

$$\lim_{n\to\infty} L_n\left(\frac{x}{n}\right) = J_0(2\sqrt{x}) \tag{6.72}$$

を証明しておく．左辺は (6.63) から

$$\lim_{n\to\infty} L_n\left(\frac{x}{n}\right) = \lim_{n\to\infty} \sum_{k=0}^{n} \frac{n!}{(n-k)!\, n^k} \frac{(-1)^k}{(k!)^2} x^k \tag{6.73}$$

で，右辺は (6.51) から

$$J_0(2\sqrt{x}) = \sum_{k=0}^{\infty} \frac{(-1)^k}{(k!)^2} x^k \tag{6.74}$$

である．

$$\lim_{n\to\infty} \frac{n!}{(n-k)!\, n^k} = \lim_{n\to\infty} \frac{n(n-1)\cdots(n-k+1)}{n^k} = 1 \tag{6.75}$$

だから，たしかに両者は等しい．（証明終）

コラム 3. 微分方程式と特殊関数

　解析学の応用においていろいろ有用な特殊関数が存在する．2 階微分方程式の解で定義される特殊関数の例として，本書ではガウスの超幾何関数，ルジャンドル関数，ベッセル関数，ラゲール関数を取り上げた．このほかにも有用な

特殊関数はたくさんあるので，少し概観しておこう．

3つの確定特異点をもつ微分方程式の解は，一般的に超幾何関数で表示することが可能である．したがって，いろいろな関数の超幾何関数による表示式が知られている．例えば，ルジャンドル関数は (6.24) のように表示される．のちほど (8.25) で3次元の球関数 $Y_l(\theta, \varphi)$ を考えるが，これを一般的に書き下すためにはルジャンドル多項式を拡張した「ルジャンドル陪多項式」$P_l{}^m(z)$ が必要である．そのもととなる「ルジャンドル陪関数」も超幾何関数で表示できる．さらに高次元の球関数を書き下すためには，「ゲーゲンバウアー多項式」$C_n^\nu(z)$ という直交多項式が必要になるが，これも超幾何関数で表示できる．

超幾何方程式の3つの確定特異点のうちの2つが一致した場合を，「合流型」という．代表的なのが「クンマー関数」$_1F_1(a; c; x)$ と「ホイッタカー関数」$W_{\kappa, \mu}(x)$ である．後者は前者で書き表せる．本書で取り上げたベッセル関数とラゲール関数は，合流型超幾何関数でもって表示できる．ベッセル関数の変数を虚数にしたものを「変形ベッセル関数」といい，$I_\nu(x)$, $K_\nu(x)$ で表す．ベッセル関数と変形ベッセル関数の対比は，ちょうど三角関数と指数関数の対比に相当する．それゆえオイラーの公式 $\cos\theta \pm i\sin\theta = e^{\pm i\theta}$ との対比で，ハンケル関数 $H_\nu^{(1)}(x)$, $H_\nu^{(2)}(x)$ が定義される．

特殊関数については，「岩波 数学辞典」の巻末付録が便利である．

7 固有値問題

境界値問題

2階同次線形微分方程式の**境界値問題**について考察しよう．初期値問題は，独立変数 x のある1点における未知関数 y の値とその導関数 y' の値を与えて，微分方程式の解を求める問題であった．これに対し，境界値問題は，相異なる2点における y と y' の間の関係を指定し，それを満たすような微分方程式の解を求める問題である．$y \equiv 0$ という解は無視して非自明な解が存在するかどうかを問う．非自明な解は一般には存在しないので，微分方程式にパラメータ λ を含ませておき，λ がどのような値のときに解があるのかを調べる．そのような λ の値を**固有値**という．固有値 $\lambda = \lambda_n$ を指定したときの解を λ_n に属する**固有関数**という．固有値と固有関数を求めるのが境界値問題の中心課題である．つまり境界値問題は本質的に**固有値問題**の1種である．固有値問題は，微分方程式の場合のほか，正方行列の場合，積分方程式の場合，抽象的な自己共役演算子の場合など，数学のいろんな場面で現れる．そして量子力学において基本的に重要な役割を演ずる．

自己随伴微分方程式

2階同次線形微分方程式は一般に

$$\left(p_0(x)\frac{d^2}{dx^2} + p_1(x)\frac{d}{dx} + p_2(x)\right)y(x) = 0 \tag{7.1}$$

と書ける．超関数の定義 [1章 (10.3)] でやったように，これに任意関数 $z(x)$ を乗じて，閉区間 $[a, b]$ で積分すると，

$$\int_a^b dx\, z(x)\Big(p_0(x)\frac{d^2}{dx^2} + p_1(x)\frac{d}{dx} + p_2(x)\Big)y(x) = 0 \tag{7.2}$$

である．左辺を部分積分し，お釣りの項（積分の上下限からの寄与で書ける項）が落ちるものと仮定すると，

$$\int_a^b dx\, y(x)\Big(\frac{d^2}{dx^2}p_0(x) - \frac{d}{dx}p_1(x) + p_2(x)\Big)z(x) = 0 \tag{7.3}$$

となる．ただし微分演算子は右端の $z(x)$ にも作用が及ぶものとする．ここで，$y(x)$ を任意関数と見直せば，$z(x)$ に関する微分方程式

$$\Big(\frac{d^2}{dx^2}p_0(x) - \frac{d}{dx}p_1(x) + p_2(x)\Big)z(x) = 0 \tag{7.4}$$

を得る．(7.4) を (7.1) の**随伴微分方程式**という．

随伴微分方程式がもとの微分方程式に一致するとき，その微分方程式を**自己随伴微分方程式**という．自己随伴微分方程式は通常

$$\Big(\frac{d}{dx}p(x)\frac{d}{dx} + r(x)\Big)y(x) = 0 \tag{7.5}$$

という自己随伴性が自明な形で書かれる．ここでもちろん，左端の微分演算子は p のみならず dy/dx にも作用しているものとしている．任意の 2 階同次線形微分方程式は，適当な積分因子を乗ずれば自己随伴微分方程式になる．じっさい，簡単な計算で確かめられるように，(7.1) に対する積分因子は

$$\frac{1}{p_0(x)}\exp\Big(\int dx\, \frac{p_1(x)}{p_0(x)}\Big) \tag{7.6}$$

である．

いくつか具体例を挙げておこう．ルジャンドルの微分方程式 (6.22) はそのままで，(7.5) の形

$$\left(\frac{d}{dz}(1-z^2)\frac{d}{dz} + \nu(\nu+1)\right)y = 0 \tag{7.7}$$

に書ける．ベッセルの微分方程式 (6.36) は，積分因子 $1/x$ を乗ずると，

$$\left(\frac{d}{dx}x\frac{d}{dx} + x - \frac{\nu^2}{x}\right)y = 0 \tag{7.8}$$

となる．ラゲールの微分方程式 (6.56) は，積分因子 e^{-x} を乗ずると，

$$\left(\frac{d}{dx}xe^{-x}\frac{d}{dx} + \nu e^{-x}\right)y = 0 \tag{7.9}$$

となる．

スツルム・リューヴィルの理論

(7.5) にパラメータ λ をあらわに書き込んで，

$$\left(\frac{d}{dx}p(x)\frac{d}{dx} + q(x) + \lambda w(x)\right)y(x) = 0 \tag{7.10}$$

とする．$w(x)$ を**ウェイト（重み）**という．**スツルム・リューヴィルの境界値問題**では，閉区間 $[a, b]$ において $p(x)$, $q(x)$, $w(x)$ はいずれも連続な実関数であり，かつ

$$p(x) > 0, \quad w(x) > 0 \tag{7.11}$$

とする．また，境界条件は

$$\begin{aligned} p(a)y'(a)\sin\alpha - y(a)\cos\alpha &= 0, \\ p(b)y'(b)\sin\beta - y(b)\cos\beta &= 0 \end{aligned} \tag{7.12}$$

のように設定する．α, β は与えられた定数である．とくに $\alpha =$

$\beta = 0$ ならば,境界条件は $y(a) = y(b) = 0$ である.

スツルム・リューヴィルの理論では次の結果が得られる.

1. 固有値は可算無限個存在し,実数で

$$\lambda_1 < \lambda_2 < \cdots < \lambda_n < \cdots ; \quad \lim_{n \to \infty} \lambda_n = \infty \quad (7.13)$$

のように単調増加数列に並べられる.

2. 各固有値 λ_n に属する固有関数 $\varphi_n(x)$ は(規格化定数を除き)ただ1つである(すなわち「縮退」がない).$\varphi_n(x)$ は,開区間 (a, b) において,$n-1$ 個のゼロ点をもつ実関数である.

3. 相異なる固有関数は直交する.すなわち,$w(x)$ を重みとする直交条件

$$\int_a^b dx \, w(x) \varphi_m(x) \varphi_n(x) = 0 \quad (m \neq n) \quad (7.14)$$

を満たす.

4. 固有関数系は完全性をもつ.すなわち,$y(x)$ が境界条件 (7.12) を満たす連続関数で,すべての n につき

$$\int_a^b dx \, w(x) y(x) \varphi_n(x) = 0 \quad (7.15)$$

であるならば,$y(x) \equiv 0$ である.

直交性の証明

上に述べた結果のすべてを証明をするのは相当大変なので,境界条件の意味をはっきりさせてくれる直交性の証明だけを与えておこう.(7.10) から,

$$\begin{aligned}\left(\frac{d}{dx}p(x)\frac{d}{dx} + q(x) + \lambda_n w(x)\right)\varphi_n(x) &= 0, \\ \left(\frac{d}{dx}p(x)\frac{d}{dx} + q(x) + \lambda_m w(x)\right)\varphi_m(x) &= 0 \end{aligned} \quad (7.16)$$

である．第1式に $\varphi_m(x)$ を乗じ，第2式に $\varphi_n(x)$ を乗じて両者の差をとると，

$$K_{mn}(x) + (\lambda_n - \lambda_m)w(x)\varphi_m(x)\varphi_n(x) = 0 \qquad (7.17)$$

となる．ただし

$$K_{mn}(x) \equiv \varphi_m(x)\frac{d}{dx}\Big(p(x)\varphi_n'(x)\Big) \\ - \varphi_n(x)\frac{d}{dx}\Big(p(x)\varphi_m'(x)\Big) \qquad (7.18)$$

とおいた．この式は

$$K_{mn}(x) = \frac{d}{dx}\Big(\varphi_m(x)p(x)\varphi_n'(x) - \varphi_n(x)p(x)\varphi_m'(x)\Big) \qquad (7.19)$$

と書き直せる．これを a から b まで積分すると，

$$\int_a^b dx\, K_{mn}(x) = \Big(\varphi_m(b)p(b)\varphi_n'(b) - \varphi_n(b)p(b)\varphi_m'(b)\Big) \\ - \Big(\varphi_m(a)p(a)\varphi_n'(a) - \varphi_n(a)p(a)\varphi_m'(a)\Big) \qquad (7.20)$$

となるが，$p(c)\varphi_n'(c)$ と $p(c)\varphi_m'(c)$ $(c=a,b)$ を境界条件 (7.12) を使って消去すればわかるように，これは0になる．したがって，(7.17) から，

$$(\lambda_n - \lambda_m)\int_a^b dx\, w(x)\varphi_m(x)\varphi_n(x) = 0 \qquad (7.21)$$

となる．$m \neq n$ のとき $\lambda_n - \lambda_m \neq 0$ なので，(7.14) を得る．(証明終)

完全直交系

$m = n$ の場合にはもちろん (7.14) の積分は正定値である．

そこで
$$\int_a^b dx\, w(x)[\varphi_n(x)]^2 \equiv N_n^{\,2} \qquad (N_n > 0) \tag{7.22}$$
とおく．N_n を**規格化定数**という．そして，規格化された固有関数を
$$\hat{\varphi}_n(x) \equiv \frac{1}{N_n}\varphi_n(x) \tag{7.23}$$
によって定義する．このとき，規格化された直交条件の式は
$$\int_a^b dx\, w(x)\hat{\varphi}_m(x)\hat{\varphi}_n(x) = \delta_{mn} \tag{7.24}$$
となる．ただし右辺に用いた**クロネッカーのデルタ**は，第 1 章 10 節で言及したように，
$$\begin{aligned}\delta_{mn} &= 1 \quad (m = n \text{ のとき}) \\ &= 0 \quad (m \neq n \text{ のとき})\end{aligned} \tag{7.25}$$
によって定義されるものである．

さて，固有関数系の完全性 (7.15) から，境界条件 (7.12) を満たす任意の連続関数 $\psi(x)$ は，少なくとも形式的に
$$\psi(x) = \sum_n c_n \hat{\varphi}_n(x), \quad c_n \equiv \int_a^b du\, w(u)\psi(u)\hat{\varphi}_n(u) \tag{7.26}$$
と展開される．なぜなら，(7.24) により，この両辺の差は (7.15) の条件を満たす関数だからである．ただし，各点ごとには一般に収束するといえないので，
$$\lim_{N\to\infty}\int_a^b dx\, w(x)\Big|\psi(x) - \sum_{n=1}^N c_n\hat{\varphi}_n(x)\Big|^2 = 0 \tag{7.27}$$
の意味と了解するものとする．

(7.26) において c_n の式を代入し，積分と和の順序を入れ替えると，右辺は任意関数 $\psi(x)$ に対して恒等積分演算を施したと解釈できる．つまりディラックのデルタ関数を使って

$$\sum_{n=1}^{\infty} w(u)\hat{\varphi}_n(u)\hat{\varphi}_n(x) = \delta(u-x) \tag{7.28}$$

と書くことができる．直交条件 (7.24) と形式的に対称的なので，物理では完全性をこの形で書くのが普通である．

(7.28) と (7.24) が成立する関数系を，一般に**完全直交系**という．スツルム・リューヴィルの境界値問題の固有関数系は完全直交系をなす．

コラム 4．境界値問題とシュレディンガー方程式

　古典物理学では，物理量は原則としてすべて連続な量であると考えられている．しかし量子物理学では，このことは本質的な意味で破れる．原子に吸収されたり原子から放出されたりする光の振動数は，特定の離散的な値しかとらない．ボーアの原子模型では，空想的に原子核の周りに電子が回るいくつかの特定の軌道があって，電子が 2 つの軌道間を瞬間移動すると，そのポテンシャル・エネルギーの差に比例する振動数をもつ光が放出もしくは吸収されるとした．この比例定数が「プランク定数」h である．量子物理学では，この h を 2π で割った $\hbar$ が基本定数となる．

　ボーアの原子模型はあくまでもオモチャであり，理論とはいえない．これを理論に格上げしたのがシュレディンガーであった．彼は微分方程式の境界値問題が離散的な固有値

を与えることに着目した．古典物理学でも，弦や筒にできる定常波の振動数はスツルム・リューヴィルの境界値問題で決まる．そのアナロジーから，シュレディンガーは，原子内の電子には空間に広がる波が付随していて，「波動関数」$\psi(q)$（$q = \{q_j\}$ は位置座標で，1 電子系の場合だと $q_1 = x, q_2 = y, q_3 = z$ となる）が 2 階線形偏微分方程式の，無限遠ではゼロになるという境界条件を満たす解になるという固有値問題を設定した．$\psi(q)$ に作用する微分演算子は，解析力学で中心的役割を演ずる「ハミルトニアン」$H(q, p)$ において，q_j に正準共役な運動量 p_j を微分演算子 $-i\hbar \partial/\partial q_j$ で置き換えて得られるものである．したがって，交換関係 $[q_j, p_k] = i\hbar \delta_{jk}$ が成立する（1 章の (4.16) 参照）．かくして定常問題に対するシュレディンガー方程式 $H(q, -i\hbar \partial/\partial q)\psi(q) = E\psi(q)$ が得られる．E はエネルギー固有値を与える．

なお，非定常問題における波動関数 $\psi(q,t)$ に対するシュレディンガー方程式は，E を $i\hbar \partial/\partial t$ に置き換えたものである．

フーリエ級数

スツルム・リューヴィルの境界値問題で最も簡単な場合は，$p(x) \equiv 1$，$q(x) \equiv 0$，$w(x) \equiv 1$ の場合である．境界点 $a = 0, b = \pi$，境界条件は (7.12) において $\alpha = \beta = 0$ とすると，

$$y''(x) + \lambda y(x) = 0, \qquad y(0) = y(\pi) = 0 \tag{7.29}$$

となる[*9]. 固有値は

$$\lambda = n^2 \quad (n = 1, 2, \cdots) \tag{7.30}$$

で,それに属する固有関数は

$$\varphi_n(x) = \sin(nx) \tag{7.31}$$

である.直交条件は,三角関数の積和公式(加法定理 [1 章 (1.3)] の第 2 式から従う)を用いて,

$$\int_0^\pi dx\ \sin(mx)\sin(nx)$$
$$= \frac{1}{2}\int_0^\pi dx\ [\cos((m-n)x) - \cos((m+n)x)] = \frac{\pi}{2}\delta_{mn} \tag{7.32}$$

となるから,規格化された固有関数は,

$$\hat{\varphi}_n(x) = \sqrt{\frac{2}{\pi}}\sin(nx) \tag{7.33}$$

となる.完全性により,$\psi(0) = \psi(\pi) = 0$ であるような連続関数 $\psi(x)$ に対し,

$$\psi(x) = \sum_{n=1}^\infty b_n \sin(nx), \quad b_n = \frac{2}{\pi}\int_0^\pi dx\ \psi(x)\sin(nx) \tag{7.34}$$

という展開が成立する.右辺を**フーリエ正弦級数**という.

境界条件が $\alpha = \beta = \pi/2$,すなわち $y'(0) = y'(\pi) = 0$ ならば,固有関数は

[*9] b を任意の正の数にしておきたい場合は,$x \mapsto (\pi/b)x$ とスケール変換すればよい.

$$\varphi_n(x) = \cos(nx) \quad (n = 0, 1, 2, \cdots) \tag{7.35}$$

となる．規格化直交性については上とまったく同様である．完全性は**フーリエ余弦級数**

$$\psi(x) = a_0 + \sum_{n=1}^{\infty} a_n \cos(nx) \tag{7.36}$$

で与えられる．ここに

$$\begin{aligned}
a_0 &= \frac{1}{\pi} \int_0^\pi dx\ \psi(x), \\
a_n &= \frac{2}{\pi} \int_0^\pi dx\ \psi(x) \cos(nx) \quad (n = 1, 2, \cdots)
\end{aligned} \tag{7.37}$$

である．

コラム 5. フーリエ解析

　関数をテイラー展開するといろいろと便利である．しかし，テイラー展開できるのは解析関数に限られる．微分不可能な関数や，もっと一般に不連続な関数をも展開したいというのは，自然な要求であろう．それに応えるのが，フーリエ展開である．フーリエは彼の熱方程式の研究に使うために，関数を三角関数の級数に展開することを考えた．フーリエ自身はどんな関数でもフーリエ展開できると考えたが，もちろんこれは無茶で，どんな場合にどのような意味で展開ができるのかは，彼の弟子のディリクレによって詳しく解明された．フーリエ級数の収束は，通常の各点ごとの収束ではなく，一般には (7.27) のような意味で定義しなければならない．また不連続点では，関数の両側からの極限の

相加平均に等しくなる．級数和の数値計算を進めると，不連続点の近くでは素直に極限値に近づかずに，いったん極限値から離れていく（ギブスの現象）．

フーリエ展開は有限な区間でしか使えない．無限区間 $[0, \infty)$ の場合には，級数和を積分で置き換えることが必要になる．これを「フーリエ変換」という．式で書くと $\int_0^\infty dp\ \sin(px)f(p)$ と $\int_0^\infty dp\ \cos(px)f(p)$ である．オイラーの公式を使って，これを 1 つの式 $\int dp\ e^{ipx} f(p)$ にまとめることもできる．ただし積分区間は $(-\infty, +\infty)$ になる．前のコラムで述べたように，シュレディンガー方程式を書くとき運動量 p を $-i\hbar \partial/\partial x$ に置き換えるが，$\hbar = 1$ の単位系で考えると，この演算はちょうどフーリエ変換の被積分関数に p を乗ずることになる．つまりフーリエ変換は運動量の空間で考えることに他ならない．

フーリエ解析は，コンピュータの発達により，今日画像処理などをはじめとして現代科学技術のあらゆる分野で極めて有効に応用され，われわれの日常生活を背後から支えている．

直交多項式

直交多項式は，スツルム・リューヴィルの境界値問題における固有関数が多項式になる場合として定義することができる．例として，前節で扱ったルジャンドル多項式とラゲール多項式について述べよう．

ルジャンドルの微分方程式は (7.7) のように書けるから，$p(z) \equiv 1 - z^2$, $q(z) \equiv 0$, $w(z) \equiv 1$ である．境界条件として $y(-1) =$

$y(1) = 0$ を設定する．ν が整数でなければ，ルジャンドルの微分方程式の解は境界点のどちらかが特異点なので，固有関数は ν が整数のとき，すなわちルジャンドル多項式の場合である．固有値 $\lambda = n(n+1)$ に属する固有関数は $P_n(z)$ $(n = 0, 1, 2, \cdots)$ で与えられる．直交条件は

$$\int_{-1}^{1} dz\, P_m(z) P_n(z) = 0 \quad (m \neq n) \tag{7.38}$$

である．証明は簡単である．一般性を失うことなしに $n > m$ としてよい．ロドリーグの公式 (6.28) を代入して n 回部分積分を行うと，部分積分のお釣りはすべて 0 である．そして $P_m(z)$ は m 次の多項式だから，その n 階導関数は 0 である．（証明終）

同じ方針で規格化定数も計算できる．計算は省略するが，答えは $N_n^2 = 2/(2n+1)$ である．

ラゲールの微分方程式は (7.9) のように書けるから，$p(z) \equiv xe^{-x}$, $q(z) \equiv 0$, $w(z) \equiv e^{-x}$ である．境界点として $a = 0$ と $b = +\infty$，(7.12) の境界条件として $\alpha = \beta = \pi/2$ をとる．すなわち $\lim_{x \to 0} xe^{-x} y'(x) = 0$, $\lim_{x \to +\infty} xe^{-x} y'(x) = 0$ とする．(6.62) からわかるように，ν が 0 または正の整数でなければ，$x \to +\infty$ で $y'(x)$ は e^x のように振る舞うから，第 2 の境界条件を満たさない．つまり，境界条件を満たすのはラゲール多項式になる場合のみである．固有値 $\lambda = n$ に属する固有関数は $L_n(x)$ $(n = 0, 1, 2, \cdots)$ で与えられる．直交条件は

$$\int_0^{\infty} dx\, e^{-x} L_m(x) L_n(x) = 0 \quad (m \neq n) \tag{7.39}$$

ある．証明は，上と同じように，ロドリーグの公式 (6.70) を代入して n 回部分積分すればよい．規格化定数もすぐ計算できて，

$N_n^2 = 1$ を得る.

水素原子のシュレディンガー波動関数には,ラゲール多項式の奇数階導関数が現れる.

多重振り子

スツルム・リューヴィルの境界値問題は,実対称行列の固有値問題とよく似ている.この関連性をもっと直接的に見られる多重振り子と鎖振り子の問題を考えてみよう.

1個の錘をひもでぶら下げて振る「単振子」の問題は,「振り子の等時性」としてガリレイの逸話以来有名である.1本のひもにいくつかの錘をつけた振り子を,**多重振り子**とよぶことにする.多重振り子については次の結果が得られている.

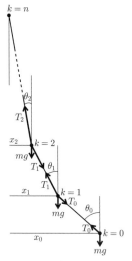

図3 多重振り子

「長さ nl のひもの最下点と n 等分点に等しい質量の錘をつけ,一定の鉛直面内で微小振動を行わせたときの固有角振動数 ω は,$\lambda = l\omega^2/g$ (g は重力の加速度) とするとき,代数方程式 $L_n(\lambda) = 0$ の解として与えられる.ここに $L_n(x)$ は n 次のラゲール多項式である.この方程式は n 個の実数解 λ_j ($j = 1, 2, 3, \cdots, n$) をもち,j 番目の固有振動における下から k 番目の錘 ($k = 0, 1, 2, \cdots, n-1$) の振幅は $L_k(\lambda_j)$ (の定数倍) で与えられる.」

これは簡単なニュートン力学の問題なので計算で確かめてみよう.固定端から降ろした鉛直線から錘 k までの(向きを考慮した)水平距離を x_k とする.すべて線形近似で考えるので,これは錘の振れの大きさと同一視できる.

[$n = 1$ の場合] 重力は鉛直方向下向きに mg で,張力 T_0 は重力のひも方向への分力と釣り合わねばならないから,ひもが鉛直方向となす角を θ_0 とするとき,上向きに $mg\cos\theta_0 \fallingdotseq mg$ である.また,重力のひもに垂直な方向への分力は,内向きに $mg\sin\theta_0 \fallingdotseq mgx_0/l$ となる.ゆえに水平方向の線形近似の運動方程式 [(1.3) 参照] は,

$$m\frac{d^2 x_0}{dt^2} = -mg\frac{x_0}{l} \tag{7.40}$$

である.その一般解は $x_0 = u_0 \sin(\omega t + \alpha)$ (α は定数) と書ける.これを (7.40) に代入すると,$\omega^2 u_0 = (g/l)u_0$ となる.したがって固有方程式は,$\lambda \equiv l\omega^2/g$ とおけば,$D_1(\lambda) \equiv -\lambda + 1 = L_1(\lambda) = 0$ である(もちろん $L_1(x)$ は 1 次のラゲール多項式).

[$n = 2$ の場合] 錘 0 については $n = 1$ の場合と同じ(ただし,$\sin\theta_0 = (x_0 - x_1)/l$ となる).錘 1 については重力 mg,斜め下方向に張力 $T_0 \fallingdotseq mg$,それと釣り合う斜め上方向の張力

$T_1 \fallingdotseq 2mg$ が働く．したがって，水平方向の線形近似の運動方程式は，

$$m\frac{d^2x_0}{dt^2} = -mg\frac{x_0 - x_1}{l}, \\ m\frac{d^2x_1}{dt^2} = -2mg\frac{x_1}{l} + mg\frac{x_0 - x_1}{l} \quad (7.41)$$

である．$x_k = u_k \sin(\omega t + \alpha) \ (k = 0, 1)$ とおけば，

$$(1-\lambda)u_0 - u_1 = 0, \\ -u_0 + (3-\lambda)u_1 = 0 \quad (7.42)$$

を得る．ゆえに固有方程式は

$$D_2(\lambda) \equiv \begin{vmatrix} 1-\lambda & -1 \\ -1 & 3-\lambda \end{vmatrix} = \lambda^2 - 4\lambda + 2 = 2L_2(\lambda) = 0 \quad (7.43)$$

となる．また，(7.42) の第 1 式から $u_1 = L_1(\lambda)u_0$ である．

[一般の n の場合] 同様に，錘 $k \ (= 0, 1, 2, \cdots, n-1)$ に対する線形近似の運動方程式は，

$$m\frac{d^2x_k}{dt^2} = -(k+1)mg\frac{x_k - x_{k+1}}{l} + kmg\frac{x_{k-1} - x_k}{l} \quad (7.44)$$

である．ただし，$x_n \equiv 0$ (固定端) とする．$x_k = u_k \sin(\omega t + \alpha)$ とおけば，

$$-\lambda u_k + (k+1)(u_k - u_{k+1}) - k(u_{k-1} - u_k) = 0 \quad (7.45)$$

を得る．つまり

$$-ku_{k-1} + (2k+1-\lambda)u_k - (k+1)u_{k+1} = 0 \\ (k = 0, 1, \cdots, n-1), \\ u_n \equiv 0 \quad (7.46)$$

を解くことに帰着する．この n 元連立方程式が非自明な解をもつためには，係数の作る行列式

$$D_n(\lambda) \equiv$$

$$\begin{vmatrix} 1-\lambda & -1 & 0 & 0 & \cdots & 0 & 0 \\ -1 & 3-\lambda & -2 & 0 & \cdots & 0 & 0 \\ 0 & -2 & 5-\lambda & -3 & \cdots & 0 & 0 \\ \vdots & \vdots & \vdots & \vdots & \ddots & \vdots & \vdots \\ 0 & 0 & 0 & 0 & \cdots & 2n-3-\lambda & -n+1 \\ 0 & 0 & 0 & 0 & \cdots & -n+1 & 2n-1-\lambda \end{vmatrix}$$
(7.47)

が 0 でなければならない．この行列式の第 n 行の行列要素は最後の 2 つを除いて 0 なので，第 n 行について展開すると，$2n-1-\lambda$ にかかる $D_{n-1}(\lambda)$ と，$-n+1$ にかかる $(-n+1)D_{n-2}(\lambda)$ だけで書けることになる．したがって，それは漸化式

$$D_n(\lambda) = (2n-1-\lambda)D_{n-1}(\lambda) - (n-1)^2 D_{n-2}(\lambda)$$
(7.48)

を満たす．$D_n(\lambda) = n! L_n(\lambda)$ とおけば，(7.48) は（$(n-1)!$ で割って）

$$nL_n(\lambda) = (2n-1-\lambda)L_{n-1}(\lambda) - (n-1)L_{n-2}(\lambda)$$
(7.49)

となる．これはラゲール多項式の漸化式 (6.69) と一致する．$n=1,2$ ではすでに OK であることがわかっているから，数学的帰納法により，ここで導入した $L_n(\lambda)$ がラゲール多項式に他ならないことが一般的に証明されたことになる．したがって，

固有角振動数 $\omega_j = \sqrt{g\lambda_j/l}$ は，ラゲール多項式のゼロ点

$$L_n(\lambda_j) = 0 \tag{7.50}$$

によって決定される．$\lambda = \lambda_j$ をもとの方程式 (7.46) に代入すれば，

$$-ku_{k-1}^{(j)} + (2k+1-\lambda_j)u_k^{(j)} - (k+1)u_{k+1}^{(j)} = 0, \quad u_n^{(j)} = 0 \tag{7.51}$$

を得る．これは $u_{k+1}^{(j)}$ がラゲール多項式の漸化式 (6.69)（ただし $n = k+1$ とする）と同じ漸化式を満たすこと示している．ゆえに

$$u_k^{(j)} = \frac{1}{N_j} L_k(\lambda_j) \tag{7.52}$$

となる．ここに N_j は規格化定数である．証明は略すが，$N_j{}^2 = [nL_{n-1}(\lambda_j)]^2/\lambda_j$ である．

この問題で固有値を決めた行列式 (7.47) は，行列

$$\mathcal{H} \equiv \begin{bmatrix} 1 & -1 & 0 & 0 & \cdots & 0 & 0 \\ -1 & 3 & -2 & 0 & \cdots & 0 & 0 \\ 0 & -2 & 5 & -3 & \cdots & 0 & 0 \\ \vdots & \vdots & \vdots & \vdots & \ddots & \vdots & \vdots \\ 0 & 0 & 0 & 0 & \cdots & 2n-3 & -n+1 \\ 0 & 0 & 0 & 0 & \cdots & -n+1 & 2n-1 \end{bmatrix} \tag{7.53}$$

を導入すると，

$$D_n(\lambda) = \det(\mathcal{H} - \lambda \mathcal{E}) \tag{7.54}$$

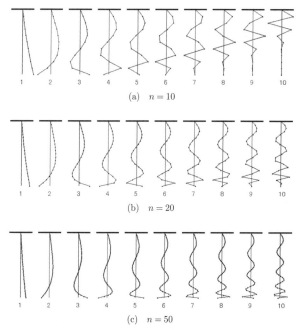

図4 多重振り子の固有振動振幅 $u_k^{(j)}$ ($j=1,2,\cdots,10$)
（縦軸は下端から錘の番号 k）

と書ける．ただし $\mathcal{E}$ は単位行列 (δ_{jk}) である．$\mathcal{H}$ は $\det\mathcal{H}\neq 0$ の実対称行列だから，

$$\mathcal{H}\boldsymbol{u}^{(j)} = \lambda_j \boldsymbol{u}^{(j)}, \quad \boldsymbol{u}^{(j)} \equiv {}^{\mathrm{t}}(u_0^{(j)}, u_1^{(j)}, \cdots, u_{n-1}^{(j)}) \tag{7.55}$$

は標準的な n 次元ベクトルの固有値問題で，λ_j がすべて実数であることと，$\boldsymbol{u}^{(j)}$ の直交性および完全性は明らかである．

鎖振り子

上で考察した多重振り子において，全長 $\hat{L} = nl$ を一定に保って $n \to \infty$ とすると，一様な質量分布の**鎖振り子**が得られる．

$k = z/l$ とすると，z は鎖の沿っての先端からの長さである．u_k に対する方程式 (7.46) において，$u_k = f(z)$，$\lambda = l\omega^2/g$ とおけば，

$$\frac{l\omega^2}{g}f(z) - \frac{z+l}{l}\Big(f(z) - f(z+l)\Big) + \frac{z}{l}\Big(f(z-l) - f(z)\Big) = 0 \tag{7.56}$$

となる．ここで全体を l で割ってから $l = \hat{L}/n \to 0$ とすれば，

$$\frac{\omega^2}{g}f(z) + z\frac{d^2 f(z)}{dz^2} + \frac{df(z)}{dz} = 0 \tag{7.57}$$

を得る．

鎖振り子の振幅 $f(z)$ の境界条件は次のようになる．$z = \hat{L}$ は固定端なので，そこでの境界条件は，$f(\hat{L}) = 0$ である．しかし，もう一方の端 $z = 0$ では一切力が働いていないから自由端である．鎖の先端がちぎれないということを式で書くと，平均値の定理により

$$0 = \lim_{l \to 0}(u_1 - u_0) = \lim_{l \to 0}(f(l) - f(0)) = \lim_{l \to 0} l f'(\theta l)$$
$$(0 < \theta < 1) \tag{7.58}$$

であるから，$\lim_{z \to 0} zf'(z) = 0$ が $z = 0$ での境界条件となる．

以上から，

$$\frac{d}{dz}\Big(z\frac{d}{dz}f(z)\Big) + \frac{\omega^2}{g}f(z) = 0,$$
$$\lim_{z \to 0} zf'(z) = 0, \; f(\hat{L}) = 0 \tag{7.59}$$

というスツルム・リューヴィルの境界値問題になることがわかる. 境界条件 (7.12) で α と β が異なる珍しい例になっている.

微分方程式 (7.59) は $z = (g/4\omega^2)x^2$ とおけば, ベッセルの微分方程式 (6.36)[または (7.8)] の $\nu = 0$ の場合になる. 第2種ベッセル関数は $z \to 0$ での境界条件を満たさないから, 解は

$$f_j(z) = \frac{1}{\tilde{N}_j} J_0\left(2\omega_j \sqrt{z/g}\right) \tag{7.60}$$

となる ($\tilde{N}_j$ は規格化定数). ただし固有角振動数 $\omega = \omega_j$ ($j = 1, 2, \cdots$) は, 固有方程式

$$J_0\left(2\omega \sqrt{\hat{L}/g}\right) = 0 \tag{7.61}$$

の解として決まる.

この結果は, 多重振り子の解の極限として導くこともできる. 多重振り子の $L_k(\lambda)$ は, $k = z/l$ とするとき

$$L_k(\lambda) = L_k\left(\frac{l\omega^2}{g}\right) = L_k\left(\frac{\omega^2 z/g}{k}\right) \tag{7.62}$$

だから, ラゲール多項式の極限がベッセル関数になるという式 (6.72) により,

$$\lim_{k \to \infty} L_k(\lambda) = J_0\left(2\omega \sqrt{z/g}\right) \tag{7.63}$$

となることがわかる. したがって, (7.50) の極限が (7.61), (7.52) の極限が (7.60) を与える. 証明は略すが, 規格化定数も

$$\tilde{N}_j^{\,2} = \hat{L} \cdot \left[J_1\left(2\omega_j \sqrt{\hat{L}/g}\right)\right]^2 = \lim_{n \to \infty} \frac{\hat{L}}{n} N_j^{\,2} \tag{7.64}$$

のようになる.

このように, スツルム・リューヴィルの境界値問題を行列に関する固有値問題の極限として理解することができる. 図5は

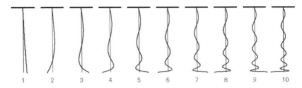

図5 鎖振り子の固有振動振幅 $f_j(z)$ ($j = 1, 2, \cdots, 10$)
(縦軸は下端から鎖の長さ z)

図4の $n = 50$ の場合とほとんど一致していることに注意されたい.

8 偏微分方程式

偏微分方程式について

　偏微分方程式とは,もちろん未知関数の偏微分を含んだ微分方程式である.今まで独立変数が1個の常微分方程式を考察してきたが,時間と空間の両方を独立変数とすると,どうしても偏微分方程式を取り扱わなくてはならない.また,時間変化がない静的な問題であっても,対象が点粒子でなく,広がった物体や波動,もっと一般に場を取り扱う場合には3次元空間を表す3つの座標を独立変数としなければならないので,偏微分方程式が必要になる.

　偏微分方程式の最も簡単な例は,x, y を独立変数,$f(x,y)$ を既知関数,$\Phi(x,y)$ を未知関数とするとき,

$$\frac{\partial \Phi(x,y)}{\partial x} = f(x,y) \tag{8.1}$$

であろう.解はもちろん

$$\Phi(x,y) = \int dx\, f(x,y) \tag{8.2}$$

で与えられる．「偏積分」という記号はないが，(8.2) の x 積分は y を定数と思ってする積分である．したがって，不定積分に含まれる任意定数も y の任意関数になるわけである．このように，一般に n 個の独立変数をもつ偏微分方程式の一般解は $n-1$ 個の独立変数をもつ任意関数を含むことになる．1 章 (8.2) で考えたコーシー・リーマンの微分方程式は連立偏微分方程式の例を与えるが，すべての解析関数がこの偏微分方程式の解になっているわけである．

偏微分方程式で現れる任意関数を固定する方法は，常微分方程式の場合と同様に初期条件もしくは境界条件を与えることによってなされるのが普通である．初期値問題の場合は，時刻 $t = 0$ における関数の値およびその導関数の値を与えて，それを初期値とする解を求めるということになる．これを**コーシー問題**という．境界値問題の場合は，たとえ 2 変数であっても境界は曲線となり，複雑な曲線の場合は微分方程式のほうが簡単であっても非常に難しい問題になる．偏微分方程式ではこれ以外に，未知関数の数より多い偏微分方程式を連立させるという手段もある．過剰に偏微分方程式を連立させて解が任意関数をまったく含まないようにする偏微分方程式系は，**極大過剰決定系**とよばれる．極大過剰決定系は特殊関数を定義するのに用いることができる．

偏微分方程式を考えるさい決して忘れてはならないのは，独立変数は個々にではなく，必ずセットとして認識しなければならないことである．つまり，(x, y) という独立変数の系で y のみを $\hat{y}$ に変数変換したとしても，独立変数の系は $(x, \hat{y})$ ではないということだ．新しい独立変数の系は $(\hat{x}, \hat{y})$ である．偏微分の変換は一般に

$$\frac{\partial}{\partial x} = \frac{\partial \hat{x}}{\partial x}\frac{\partial}{\partial \hat{x}} + \frac{\partial \hat{y}}{\partial x}\frac{\partial}{\partial \hat{y}},$$
$$\frac{\partial}{\partial y} = \frac{\partial \hat{x}}{\partial y}\frac{\partial}{\partial \hat{x}} + \frac{\partial \hat{y}}{\partial y}\frac{\partial}{\partial \hat{y}} \tag{8.3}$$

であるから，変換において $x = \hat{x}$ であっても，$\hat{y}$ が x に依存してる限り，$\partial/\partial x = \partial/\partial \hat{x}$ とはならないのである．

2 階同次線形偏微分方程式

非線形の偏微分方程式は非常に難しいので，話を線形に限ることにする．それでもまだ相当難しいので，応用上最も重要な偏導関数の係数が定数の場合の同次線形偏微分方程式だけを考えよう．簡単のため，独立変数が 2 個の場合を考える．1 階偏微分方程式は

$$a\frac{\partial \Phi}{\partial x} + b\frac{\partial \Phi}{\partial y} + f(x,y)\Phi = 0 \tag{8.4}$$

である．これは $\hat{x} = x/a$，$\hat{y} = (x/a) - (y/b)$ と変換すれば，

$$\frac{\partial \Phi}{\partial \hat{x}} + \hat{f}(\hat{x}, \hat{y})\Phi = 0 \tag{8.5}$$

となる．さらに $\Phi = \exp(-\hat{\Phi})$ とおけば，(8.1) に帰着する．

2 階偏微分方程式の場合も同様に，適当な 1 次変換で 3 つの標準形

$$\begin{aligned}
\frac{\partial^2 \Phi}{\partial x^2} + \frac{\partial^2 \Phi}{\partial y^2} + f(x,y)\Phi &= 0, \\
\frac{\partial^2 \Phi}{\partial x^2} - \frac{\partial^2 \Phi}{\partial y^2} + f(x,y)\Phi &= 0, \\
\frac{\partial^2 \Phi}{\partial x^2} - \frac{\partial \Phi}{\partial y} + f(x,y)\Phi &= 0
\end{aligned} \tag{8.6}$$

のどれかにもっていける．これは 2 次曲線の方程式を原点の移

動と主軸変換で,楕円,双曲線,放物線の方程式の標準形にもっていくのと同じ手続きであって,さらにスケール変換でパラメータを消去した形である.

独立変数の数が多い場合も本質的に同じである.

ラプラシアンを含む方程式

(8.6) の第1式で $f \equiv 0$ とした方程式(一般には n 次元にしたもの)を**ラプラスの微分方程式**という. 2次元の場合は

$$\triangle \Phi \equiv \left(\frac{\partial^2}{\partial x^2} + \frac{\partial^2}{\partial y^2}\right)\Phi = 0 \tag{8.7}$$

である. $\triangle$ を(2次元)**ラプラシアン**という. コーシー・リーマンの微分方程式から明らかなように,任意の解析関数の実部(もしくは虚部)が一般解を与える.

$f(x, y)$ がある場合,すなわち

$$(\triangle + f(x, y))\Phi = 0 \tag{8.8}$$

は一般には解けないが,$f(x, y)$ が特別な形をもっている場合,例えば,x のみの関数と y のみの関数の和になっている場合には常微分方程式に帰着させられる. $f(x, y) = g(x) + h(y)$ のとき,$\Phi(x, y) = \phi(x)\varphi(y)$ とおくと,(8.8) は

$$\frac{1}{\phi(x)}\left(\frac{\partial^2}{\partial x^2} + g(x)\right)\phi(x) = -\frac{1}{\varphi(y)}\left(\frac{\partial^2}{\partial y^2} + h(y)\right)\varphi(y) \tag{8.9}$$

と書き直せる. 左辺は x のみの関数,右辺は y のみの関数であるから,それが等しいためには定数でなくてはならない. それを λ とおくと,

$$\left(\frac{d^2}{dx^2} + g(x) + \lambda\right)\phi(x) = 0,$$
$$\left(\frac{d^2}{dy^2} + h(y) - \lambda\right)\varphi(y) = 0 \tag{8.10}$$

となる．この解として得られた $\phi(x)$, $\varphi(y)$ はもちろん λ に依存するから，$\phi(x)\varphi(y)$ に λ の任意関数を乗じて λ について積分したものも解になっている．

2 次元ラプラシアンの極座標への変換

ラプラシアンは何次元でも座標回転で不変なので，微分演算子をラプラシアンでのみ含む偏微分方程式は，極座標に変換すると便利なことが多い．

2 次元の極座標 (r, θ) は，直交座標と $x = r\cos\theta$, $y = r\sin\theta$, あるいは $r = \sqrt{x^2 + y^2}$, $\theta = \arctan(y/x)$ で結ばれる．2 次元ラプラシアンは極座標で，

$$\triangle = \frac{\partial^2}{\partial r^2} + \frac{1}{r}\frac{\partial}{\partial r} + \frac{1}{r^2}\frac{\partial^2}{\partial \theta^2} \tag{8.11}$$

となる．証明は少々面倒であるが，公式 (8.3) を使って正直に計算すればよい．まず，

$$\frac{\partial r}{\partial x} = \frac{x}{r} = \cos\theta, \qquad \frac{\partial \theta}{\partial x} = \frac{-y}{r^2} = -\frac{\sin\theta}{r},$$
$$\frac{\partial r}{\partial y} = \frac{y}{r} = \sin\theta, \qquad \frac{\partial \theta}{\partial y} = \frac{x}{r^2} = \frac{\cos\theta}{r} \tag{8.12}$$

を使って，

$$\frac{\partial}{\partial x} = \cos\theta\frac{\partial}{\partial r} - \frac{\sin\theta}{r}\frac{\partial}{\partial \theta},$$
$$\frac{\partial}{\partial y} = \sin\theta\frac{\partial}{\partial r} + \frac{\cos\theta}{r}\frac{\partial}{\partial \theta} \tag{8.13}$$

を得る．したがって，オイラーの公式により

$$\frac{\partial}{\partial x} \pm i \frac{\partial}{\partial y} = e^{\pm i\theta}\left(\frac{\partial}{\partial r} \pm \frac{i}{r}\frac{\partial}{\partial \theta}\right) \tag{8.14}$$

である.これを使うと,

$$\begin{aligned}\triangle &= \left(\frac{\partial}{\partial x} - i\frac{\partial}{\partial y}\right)\left(\frac{\partial}{\partial x} + i\frac{\partial}{\partial y}\right) \\ &= \left(\frac{\partial}{\partial r} - \frac{i}{r}\frac{\partial}{\partial \theta}\right)\left(\frac{\partial}{\partial r} + \frac{i}{r}\frac{\partial}{\partial \theta}\right) + \frac{1}{r}\left(\frac{\partial}{\partial r} + \frac{i}{r}\frac{\partial}{\partial \theta}\right)\end{aligned} \tag{8.15}$$

となる.この右辺を計算すれば,虚部が消えて (8.11) の右辺が得られる.(証明終)

(8.8) の $f(x,y)$ が $r = \sqrt{x^2+y^2}$ のみに依存する場合は,極座標で考えるのが便利である.$\Phi(x,y) = R_n(r)e^{in\theta}$ とおけば,

$$\left(\frac{d^2}{dr^2} + \frac{1}{r}\frac{d}{dr} - \frac{n^2}{r^2} + f(r)\right)R_n(r) = 0 \tag{8.16}$$

という常微分方程式に帰着する.ただし,解が x, y の 1 価関数であるためには,n は整数でなければならない.とくに,$f(r)$ が定数 m^2 だったならば,$r \mapsto r/m$ とスケール変換すると (8.16) はベッセルの微分方程式 (6.36) になる.

3 次元ラプラシアンの極座標への変換

3 次元のラプラシアンは,2 次元のものと区別するため太字を用いて

$$\boldsymbol{\Delta} \equiv \frac{\partial^2}{\partial x^2} + \frac{\partial^2}{\partial y^2} + \frac{\partial^2}{\partial z^2} \tag{8.17}$$

としよう.3 次元極座標は $x = r\sin\theta\cos\varphi$, $y = r\sin\theta\sin\varphi$, $z = r\cos\theta$ で定義される.3 次元ラプラシアンを極座標に変換した結果は

$$\mathbf{\Delta} = \frac{1}{r^2}\frac{\partial}{\partial r}\Big(r^2\frac{\partial}{\partial r}\Big) + \frac{1}{r^2\sin\theta}\frac{\partial}{\partial \theta}\Big(\sin\theta\frac{\partial}{\partial \theta}\Big) \\ + \frac{1}{r^2\sin^2\theta}\frac{\partial^2}{\partial \varphi^2} \qquad (8.18)$$

で与えられる．証明は，一挙に 3 変数の変換をやると極めて面倒な計算になってしまう．円柱座標 $x=\rho\cos\varphi,\ y=\rho\sin\varphi,\ z=z$ を仲介として用い，上の 2 次元ラプラシアンに関する結果を利用すると簡単にやれる．まず円柱座標での式は，(8.11) の文字書き換えにより，

$$\mathbf{\Delta} = \frac{\partial^2}{\partial \rho^2} + \frac{1}{\rho}\frac{\partial}{\partial \rho} + \frac{1}{\rho^2}\frac{\partial^2}{\partial \varphi^2} + \frac{\partial^2}{\partial z^2} \qquad (8.19)$$

となる．次に，$\rho = r\sin\theta,\ z = r\cos\theta$ という変数変換を行う．(8.19) の第 1 項と最後の項との和は 2 次元のラプラシアンとみなせるので，再び (8.11) が使える．第 2 項は，(8.13) の第 2 式により

$$\frac{1}{\rho}\frac{\partial}{\partial \rho} = \frac{1}{r\sin\theta}\Big(\sin\theta\frac{\partial}{\partial r} + \frac{\cos\theta}{r}\frac{\partial}{\partial \theta}\Big) = \frac{1}{r}\frac{\partial}{\partial r} + \frac{\cos\theta}{r^2\sin\theta}\frac{\partial}{\partial \theta} \qquad (8.20)$$

となる．したがって，(8.19) は

$$\mathbf{\Delta} = \Big(\frac{\partial^2}{\partial r^2} + \frac{1}{r}\frac{\partial}{\partial r} + \frac{1}{r^2}\frac{\partial^2}{\partial \theta^2}\Big) + \Big(\frac{1}{r}\frac{\partial}{\partial r} + \frac{\cos\theta}{r^2\sin\theta}\frac{\partial}{\partial \theta}\Big) \\ + \frac{1}{(r\sin\theta)^2}\frac{\partial^2}{\partial \varphi^2} \qquad (8.21)$$

となることがわかる．(8.21) の右辺を整理すれば，(8.18) の右辺が得られる．(証明終)[*10]

[*10] この方法を使えば，n 次元ラプラシアンの極座標表示式も数学的帰納法により証明することができる．それの角変数微分のない部分は，$r^{-n+1}(\partial/\partial r)r^{n-1}(\partial/\partial r)$ である．

量子力学において，時間に依存しない1粒子系のシュレディンガー方程式（コラム4参照）は，

$$(\Delta + f(x,y,z))\psi(x,y,z) = 0 \tag{8.22}$$

という形に書くことができるので，極めて重要である．とくに $f(x,y,z)$ が $r=\sqrt{x^2+y^2+z^2}$ のみに依存する場合は，ψ に働く演算子は座標回転に対し不変である．そのため，

$$\psi(x,y,z) = R_l(r)Y_l(\theta,\varphi) \tag{8.23}$$

とおくと，(8.18) から，

$$\left(\frac{d}{dr}r^2\frac{d}{dr} + r^2 f(r) - l(l+1)\right)R_l(r) = 0 \tag{8.24}$$

と

$$\left(\frac{1}{\sin\theta}\frac{\partial}{\partial\theta}\sin\theta\frac{\partial}{\partial\theta} + \frac{1}{\sin^2\theta}\frac{\partial^2}{\partial\varphi^2} + l(l+1)\right)Y_l(\theta,\varphi) = 0 \tag{8.25}$$

とになる．ここに l は $\psi(x,y,z)$ の1価性の要請から整数である（$l \geq 0$ としてよい）．$Y_l(\theta,\varphi)$ は (3次元) **球関数**とよばれる[*11]．

詳細は省くが，$Y_l(\theta,\varphi)$ の φ 依存性は $e^{im\varphi}$ ($m = -l, -l+1, \cdots, l$) で，θ 依存性はルジャンドル多項式の $|m|$ 階導関数を用いて表せる．例えば $m=0$ だと，(8.25) は $\cos\theta = z$ とおけば，$1-z^2 = \sin^2\theta$，$dz = -\sin\theta d\theta$ に注意すればわかるように，ルジャンドルの微分方程式 (7.7)（ただし $\nu = l$）になる．

シュレディンガー方程式では，(8.24) がスツルム・リューヴィ

[*11] 群論の言葉を使うと，微分方程式が直交群 $SO(3)$ のもとで不変なので，解は $SO(3)$ の表現になる．球関数は $SO(3)$ を表現する関数である．

ルの境界値問題となり,エネルギー固有値を与える.

波動方程式

(8.6) の第 2 式,第 3 式は,y を時間 t の定数倍と同定すると,時間発展を記述する微分方程式と解釈される.第 2 式で $f(x,y) \equiv 0$,$y = vt$ (v は定数) とすれば,

$$\left(\frac{\partial^2}{\partial x^2} - \frac{1}{v^2}\frac{\partial^2}{\partial t^2}\right)\Phi(x,t) = 0 \tag{8.26}$$

である.$F(z)$,$G(z)$ を任意関数とするとき,(8.26) の一般解は,

$$\Phi(x,t) = F(x-vt) + G(x+vt) \tag{8.27}$$

で与えられる.この各項は,速さ v で右方向もしくは左方向に進む 1 次元の波を表す.関数形は初期条件で決まる.

空間が 3 次元であると,波動方程式は

$$\left(\mathbf{\Delta} - \frac{1}{v^2}\frac{\partial^2}{\partial t^2}\right)\Phi(x,y,z,t) = 0 \tag{8.28}$$

となる.これは**ダランベール方程式**とよばれ,電磁波の伝播を記述するのに用いられる.通常 $v=1$ に規格化し,$\Box \equiv \mathbf{\Delta} - (\partial/\partial t)^2$ を**ダランベルシアン**という.さらに,$(\Box - m^2)\Phi = 0$ を**クライン・ゴルドン方程式**といい,素粒子に付随する量子論的な波を記述する相対論的波動方程式である.ここに m はその素粒子の (静止) 質量に比例する定数である.ちなみに,電磁波の素粒子である光子は,$m=0$ である.

(8.6) の第 3 式は $f \equiv 0$ のとき,**熱方程式**とよばれ,熱伝導を記述するのに使われる.3 次元では

$$\frac{\partial \Phi(x,y,z,t)}{\partial t} = \mathbf{\Delta}\Phi(x,y,z,t) \tag{8.29}$$

である.また,時間に依存する1粒子系のシュレディンガー方程式は,

$$i\frac{\partial \psi(x,y,z,t)}{\partial t} = \bigl(-k\Delta + \hat{f}(x,y,z)\bigr)\psi(x,y,z,t) \tag{8.30}$$

のような形に書ける(k は粒子の質量に反比例する定数).ψ の t 依存性が $e^{-i\nu t}$ のようであれば,これは (8.22) に帰着する.

連立偏微分方程式

連立偏微分方程式は,コンシステンシーの問題が生ずる.例えば,連立偏微分方程式

$$\begin{aligned}\frac{\partial \Phi(x,y)}{\partial x} &= f(x,y), \\ \frac{\partial \Phi(x,y)}{\partial y} &= g(x,y)\end{aligned} \tag{8.31}$$

を考えよう.このとき

$$\begin{aligned}\frac{\partial}{\partial y}\left(\frac{\partial \Phi(x,y)}{\partial x}\right) &= \frac{\partial f(x,y)}{\partial y}, \\ \frac{\partial}{\partial x}\left(\frac{\partial \Phi(x,y)}{\partial y}\right) &= \frac{\partial g(x,y)}{\partial x}\end{aligned} \tag{8.32}$$

であるが,偏微分は可換なので,両式の左辺は等しい.したがって,それらの右辺も等しくなくてはならない.すなわち

$$\frac{\partial f(x,y)}{\partial y} = \frac{\partial g(x,y)}{\partial x} \tag{8.33}$$

でなくてはならない.これを**積分可能条件**という.積分可能条件が満たされていなければ,解析的な解は存在しない.

複雑な連立偏微分方程式系の場合,積分可能条件が完全に満たされているかどうか判定するのは難しい.コンシステンシー

の要請を満たす連立偏微分方程式系を与える方法として解析力学や場の量子論で用いられるのが，**変分原理**である．詳細は省略するが，要するに，未知関数の汎関数として定義される**作用積分**という量が極値をとる条件として，偏微分方程式系を導くのである．この偏微分方程式を**オイラー・ラグランジュの方程式**という．

第3章

微分演算子の解析学

1 演算子法

　ヘヴィサイドは，工学者として実用的な立場から，微分演算子をあたかも普通の変数であるかのように扱って計算を行う**演算子法**を定式化した．数学者からははじめ「厳密でない」として不人気であったが，非常に有用な計算法であったので，結局はいろいろな方法で数学的裏づけがなされることとなった．

微分演算子の関数

　第1章4節で考えたように，微分演算を「変数を乗ずることの拡張概念」としてとらえると，計算が見通しよくできる．本章では微分演算子 d/dx を1つのものとしてとらえるので，簡単に D と書く．D は1章 (4.3) の規則を満たすようなデリヴェーションであって，「x の関数 $f(x)$ を乗ずる」という演算との間には，交換関係

$$[D,\ f(x)] = f'(x) \tag{1.1}$$

が成立する．微積分学で x のいろんな関数 $f(x)$ を考えるように，演算子法では D のいろんな関数 $\varphi(D)$ を考える．最終的には，両者の関数 $\phi(x, D)$ のようなものを論じたいわけだが，これは x と D の順序の問題があって非常に難しくなるので，本書では割愛する．

n が正の整数のとき，D^n は n 回微分することだから，問題はない．D^{-1} はもちろん積分演算である．すなわち

$$D^{-1}F(x) \equiv \int dx\, F(x) \tag{1.2}$$

である．混乱を避けるために，「関数を乗ずる」という演算子としての x の関数を小文字，D の関数の受け皿（オペランド）としての x の関数（それをもう他のものに乗じないことを前提とした関数）を大文字で書くことにしておこう．(1.1) の $f(x)$ は前者，(1.2) の $F(x)$ は後者である．不定積分は積分定数を含んでいて不便なので，(1.2) を定積分

$$D^{-1}F(x) \equiv \int_0^x dy\, F(y) \tag{1.3}$$

で置き換えることにしよう．そうすると，D^{-n} はたんに (1.3) を n 回繰り返した n 重積分で定義される．

さて，テイラー展開の公式 [1 章 (6.8)] を少し書き直して（x を $x+a$ に，a を x に，f を F に），

$$F(x+a) = \sum_{n=0}^{\infty} \frac{a^n}{n!} F^{(n)}(x) = \Bigl(\sum_{n=0}^{\infty} \frac{a^n D^n}{n!}\Bigr) F(x) \tag{1.4}$$

としてみる．そうすると，指数関数の展開式 [1 章 (6.13)] から

形式的に

$$F(x+a) = e^{aD}F(x) \tag{1.5}$$

であることがわかる．すなわち，e^{aD} は並進 $x \mapsto x+a$ を行う演算子である．

(1.4) と同じく，関数 $\varphi(z)$ が $z = 0$ で正則であれば，

$$\varphi(D)F(x) = \sum_{n=0}^{\infty} \frac{\varphi^{(n)}(0)}{n!} D^n F(x) \tag{1.6}$$

によって $\varphi(D)$ が形式的に定義される．

さらに $z = 0$ が極である場合も，ローラン展開 [1 章 (8.18)] を使った級数

$$\sum_{n=-N}^{\infty} c_n D^n \tag{1.7}$$

によって $\varphi(D)$ が形式的に定義される．

ヘヴィサイドの演算子法

$\varphi(z)$ を最高次の係数が 1 の N 次多項式とする．$F(x)$ を既知関数，$\Phi(x)$ を未知関数とするとき，定数係数の線形常微分方程式は，

$$\varphi(D)\Phi(x) = F(x) \tag{1.8}$$

と書くことができる．第 1 章 10 節で考えたディラックのデルタ関数を用いると，

$$F(x) = \int_{-\infty}^{\infty} dy\, \delta(x-y) F(y) \tag{1.9}$$

と書けるので，

$$\varphi(D)\hat{\Phi}(x) = \delta(x) \tag{1.10}$$

が解ければ，

$$\Phi(x) = \int_{-\infty}^{\infty} dy\, \hat{\Phi}(x-y) F(y) \tag{1.11}$$

のように (1.8) の解が求まる[*1]．

(1.10) は形式的に

$$\hat{\Phi}(x) = \frac{1}{\varphi(D)}\delta(x) = \frac{D}{\varphi(D)}\theta(x) \tag{1.12}$$

と書ける．ここに，$\theta(x)$ は 1 章の (10.2) で導入したヘヴィサイドの段差関数である．代数方程式 $\varphi(z) = 0$ の N 個の解（$\varphi(z)$ が実係数でも一般に複素数）を $\alpha_1, \alpha_2, \cdots, \alpha_N$ とすれば，

$$\varphi(D) = (D-\alpha_1)(D-\alpha_2)\cdots(D-\alpha_N) \equiv \prod_{k=1}^{N}(D-\alpha_k) \tag{1.13}$$

であるから，(1.12) は，

$$\hat{\Phi}(x) = \frac{D}{\prod_{k=1}^{N}(D-\alpha_k)}\theta(x) \tag{1.14}$$

となる．重解はないと仮定して，この右辺の分数を部分分数に展開すると，

$$\hat{\Phi}(x) = \sum_{k=1}^{N} \frac{1}{\varphi'(\alpha_k)} \frac{D}{D-\alpha_k} \theta(x) \tag{1.15}$$

となる．したがって $[D/(D-\alpha)]\theta(x)$ を計算すればよい．(1.3) の了解のもとで，

[*1] この考え方は一般の非同次線形偏微分方程式の場合に拡張できる．すなわち，一般の n 変数線形偏微分方程式において右辺を n 次元のデルタ関数とした場合の解（**基本解**とよばれる）が求まれば，右辺の関数が任意の場合の偏微分方程式の解が求まる．

$$D^{-n}\theta(x) = \frac{x^n}{n!}\theta(x) \tag{1.16}$$

であるから,形式的に

$$\frac{D}{D-\alpha}\theta(x) = \frac{1}{1-\alpha D^{-1}}\theta(x) = \sum_{n=0}^{\infty} \alpha^n D^{-n}\theta(x)$$
$$= \sum_{n=0}^{\infty} \frac{\alpha^n x^n}{n!}\theta(x) = e^{\alpha x}\theta(x) \tag{1.17}$$

を得る. これを (1.15) に代入すれば,

$$\hat{\Phi}(x) = \sum_{k=1}^{N} \frac{e^{\alpha_k x}}{\varphi'(\alpha_k)}\theta(x) \tag{1.18}$$

となる. (1.16) に呼応して $x<0$ のとき $F(x) \equiv 0$, すなわち $F(x) \equiv F(x)\theta(x)$ と仮定する. そうすると, (1.18) を (1.11) に代入することができて,

$$\Phi(x) = \int_{-\infty}^{\infty} dy \sum_{k=1}^{N} \frac{e^{\alpha_k(x-y)}}{\varphi'(\alpha_k)}\theta(x-y)F(y)\theta(y)$$
$$= \sum_{k=1}^{N} \frac{1}{\varphi'(\alpha_k)} \int_0^x dy\, e^{\alpha_k(x-y)}F(y) \tag{1.19}$$

という (1.8) の解を得る. これは $\Phi(0) = \Phi'(0) = \cdots = \Phi^{(N-1)}(0) = 0$ であるような特殊解である. もしゼロでない初期値 $\Phi(0), \Phi'(0), \cdots, \Phi^{(N-1)}(0)$ が与えられた場合には, $F(x)$ に

$$\varphi(D)\bigl(\Phi(x)\theta(x)\bigr) - \bigl(\varphi(D)\Phi(x)\bigr)\theta(x) \tag{1.20}$$

を付け加えて (1.19) に代入すればよい. (1.20) の第 1 項は (1.8)

の左辺そのもの $(x \geqq 0)$ で,負号を除いた第2項はそのうちの $x > 0$ において 0 にならない部分である.つまり (1.20) は,右辺が $x = 0$ においてもつべきデルタ関数型の特異性を表している.具体例は (1.31) で,一般の場合の計算結果は (3.49) に与える.

方程式 $\varphi(z) = 0$ に重解がある場合は,α_k のいくつかが等しくなる極限をとればよい.あるいは同じことだが,(1.17) を α について $n-1$ 回偏微分した式

$$\frac{D}{(D-\alpha)^n}\theta(x) = \frac{x^{n-1}}{(n-1)!}e^{\alpha x}\theta(x) \tag{1.21}$$

を部分分数展開式に代入すればよい.

ラプラス変換

ヘヴィサイドの演算子法の計算は,数学的にはずいぶん乱暴なことをやっているが,(1.19) という結果は正しい.この式をよく見ると,y に関する積分 $\int_0^x dy\, e^{-\alpha y} F(y)$ が本質的である.ヘヴィサイドより1世紀前に活躍した数学者ラプラスによって導入されていた**ラプラス変換**

$$\mathcal{L}[F](s) \equiv \int_0^\infty dx\, e^{-sx} F(x) \tag{1.22}$$

は,ヘヴィサイドの演算子法を数学的に裏づけるものであった.$F(x)$ が,遠方でのその絶対値の増大度がせいぜい x のべき乗程度の連続関数ならば,もちろん (1.22) の積分は存在し,$\Re s > 0$ における正則関数を与える.

さて,部分積分により,

$$\mathcal{L}[DF](s) = \int_0^\infty dx\, e^{-sx} DF(x) = s\mathcal{L}[F](s) - F(0) \tag{1.23}$$

を得るから，もし $F(0) = 0$ (より正確にいえば $F(-0) = 0$) ならば，D はラプラス変換によって s に対応することがわかる．したがって，上で仮定したように，もし $F(x) \equiv F(x)\theta(x)$ であるならば，D^n はラプラス変換によって s^n に対応する．ゆえに，一般に $\varphi(D)$ をラプラス変換における $\varphi(s)$ として定義できることになる．このようにして，定数係数の線形常微分方程式の解法は，ラプラス変換の逆変換 $\mathcal{L}^{-1}$ の計算に帰着する．$\mathcal{L}^{-1}$ は**ブロムウィッチ積分**という複素積分で与えられるが，省略する．

コラム 6. 積分変換

特定の簡単な関数 $K(x, y)$ が与えられているとする．関数 $f(x)$ に対して積 $K(x, y)f(x)$ を作り，その x に関するスケール不変な区間での定積分 $F(y)$ を考える．これを $f(x)$ の「積分変換」という．$K(x, y)$ の選択により，いろいろな積分変換が定義される．主なものをいくつか挙げておこう．

積分変換	$K(x, y)$	積分区間
フーリエ正弦変換	$\sin(xy)$	$[0, \infty)$
フーリエ余弦変換	$\cos(xy)$	$[0, \infty)$
指数フーリエ変換	e^{ixy}	$(-\infty, \infty)$
ラプラス変換	e^{-xy}	$[0, \infty)$
メラン変換	x^{y-1}	$[0, \infty)$
ハンケル変換	$J_\nu(xy)(xy)^{1/2}$	$[0, \infty)$
ヒルベルト変換	$(1/\pi)\mathrm{P}(x-y)^{-1}$	$(-\infty, \infty)$

ただし，J_ν は 2 章の (6.45) で定義した第 1 種ベッセル関数，P は 1 章の (10.17) で定義したコーシーの主値である．

$F(y)$ を $f(x)$ に戻す変換を「逆積分変換」という．各積分変換には逆積分変換がある．したがって，いろいろな計算を積分変換したものでやっておいて，逆変換で戻すという計算法が使える．定数係数線形常微分方程式の解法にラプラス変換を使うのは，この代表例である．量子物理学では，フーリエ変換して運動量空間でいろいろな計算をすることがよく行われる．ヒルベルト変換は，上半面で正則な関数の実部と虚部を結びつける．

積分変換とその逆積分変換については，Bateman Manuscript Project による詳しい一覧表がある．

ミクシンスキーの理論

微分方程式は局所的な方程式である．つまりある点の近傍での解の様子は，その近傍における方程式の情報だけで決まる．ところがラプラス変換は無限大のところまで積分するから，局所的とはいえない．これは明らかに不自然な解法だといわざるをえない．じっさい，(1.19) の最後の形は無限大のところからの情報は使っていない．

ヘヴィサイドの解法を見ると，要するに決定的に重要なのは

$$\frac{1}{D-\alpha}F(x) = \int_0^x dy\, e^{\alpha(x-y)}F(y) \tag{1.24}$$

という公式だ．これを数学的に合理化すればよいのである．この考え方から演算子法の厳密化を行ったのが，**ミクシンスキーの演算子法**である．

一般に 2 つの $x \geqq 0$ における連続関数 $F(x)$, $G(x)$ に対し,

$$(G * F)(x) \equiv \int_0^x dy\, G(x-y)F(y)$$
$$= \int_0^x dy\, G(y)F(x-y) = (F * G)(x) \tag{1.25}$$

をそれらの**合成積**という. 合成積をとることを「乗法」の演算とみなすと, それに関する可換な代数が定義できる. しかも**ティッチマーシュの定理**という定理によれば, この乗法は「零因子」をもたない, すなわち $G * F = 0$ ならば $G = 0$ か $F = 0$ かの少なくとも一方が成り立つ. このことから「除法」を矛盾なく定義できることがいえる. つまり, 「逆元」が定義できる.

ディラックのデルタ関数に対し,

$$(\delta * F)(x) = \int_0^x dy\, \delta(x-y)F(y) = F(x) \tag{1.26}$$

であるから, $\delta(x)$ は「単位元」である. このように必然的に超関数まで話を広げなければならない. (1.26) により, $F(x)$ に定数 α を乗ずることは, 合成積

$$\alpha F(x) = \int_0^x dy\, \bigl(\alpha\delta(x-y)\bigr)F(y) \tag{1.27}$$

で表される. また微分演算子 D も合成積

$$DF(x) = \int_0^x dy\, \delta'(x-y)F(y) \tag{1.28}$$

で書ける. したがって, $D - \alpha$ も合成積で表される. 上述の議論から, その逆元 $1/(D - \alpha)$ が一意的に存在するはずである. それは (1.24) で与えられるのである. じっさい, たしかに

第 3 章 微分演算子の解析学

$$(D - \alpha) \int_0^x dy \, e^{\alpha(x-y)} F(y)$$
$$= \left. \left(e^{\alpha(x-y)} F(y) \right) \right|_{y=x} + \int_0^x dy \left(\frac{\partial}{\partial x} - \alpha \right) e^{\alpha(x-y)} F(y)$$
$$= F(x) \qquad (1.29)$$

となっている.

このあと,定数係数常微分方程式を解くのは,ヘヴィサイドの演算子法と同じである.

具体例

演算子法でじっさいに具体的な問題を解いてみよう.「a, b を実数とするとき,微分方程式

$$(D^2 + a^2)\Phi(x) = e^{bx} \qquad (1.30)$$

を,$\Phi(0)$ と $\Phi'(0)$ が実数で与えられているものとして,解け.」という問題を考える.まず初期条件の式 (1.20) は

$$(D^2 + a^2)(\Phi(x)\theta(x)) - ((D^2 + a^2)\Phi(x))\theta(x)$$
$$= 2\Phi'(x)\delta(x) + \Phi(x)\delta'(x)$$
$$= \Phi'(x)\delta(x) + D(\Phi(x)\delta(x))$$
$$= \Phi'(0)\delta(x) + \Phi(0)\delta'(x) \qquad (1.31)$$

と計算される.また $\varphi(z) = 0$ の解は $\alpha_1 = ia$, $\alpha_2 = -ia$ であるから,(1.19) により,

$$\Phi(x) = \frac{1}{2ia} \int_{-\infty}^x dy \, e^{ia(x-y)} \bigl(e^{by}\theta(y) + \Phi'(0)\delta(y)$$
$$+ \Phi(0)\delta'(y) \bigr) + \text{c.c.} \qquad (1.32)$$

となる.ここに c.c. は前の項の複素共役を表す.あとは (1.32)

を計算するだけである．結果は

$$\Phi(x) = \frac{1}{a^2 + b^2}\left(e^{bx} - \cos(ax) - \frac{b}{a}\sin(ax)\right) \\ + \Phi(0)\cos(ax) + \frac{1}{a}\Phi'(0)\sin(ax) \quad (1.33)$$

となる．

2 非整数階微分

複素数階微分

前節では，微分演算子 D を普通の量のように取り扱うにはどうすればよいかを説明した．ミクシンスキーの合成積を用いる方法によって**複素数階微分**（伝統的には**分数階微分**とよばれるが，分数に限るわけではないので，この言葉は使わないことにする）D^ν を定義しよう．「なぜそんなものを考えるのか？」という問いに対しては，「整数に対して定義される概念は，何でも複素数の場合に拡張しよう」というモットーがあるからとでも答えておこう[2]．複素数にすると解析接続が使えて便利だからである．

$F(x)$ を $x < 0$ で恒等的に 0，$x \geqq 0$ で C^∞ 級の任意関数とする．ν が正の整数 n ならば，

$$D^n F(x) = \int_0^x dy\, \delta^{(n)}(x-y) F(y) \quad (2.1)$$

---

[2] 例えば次元数は本来正の整数だが，「複素数次元」も考えられ，「くりこみ理論」に応用されて素粒子の「標準理論」の理論構成の確立に寄与した．また，「角運動量の量子数」l は，2 章の (8.23) で導入された球関数 $Y_l(\theta, \varphi)$ の次数 l のことで，本来整数だが，これを複素数に拡張することから素粒子模型の「弦（ひも）理論」が生まれた．ベータ関数 $B(\mu, \nu)$（第 1 章 9 節参照）の変数 μ, ν が複素数の角運動量と同定される．

である.他方,ν が負の整数 $-n$ ならば,部分積分によって明らかなように,

$$D^{-n}F(x) = \int_0^x dy \, \frac{(x-y)^{n-1}}{(n-1)!} F(y) \tag{2.2}$$

である.この右辺で,$(n-1)!$ を $\Gamma(n)$ とし,n を複素数に拡張したものを**リーマン・リューヴィル積分**という.そこで,第1章10節で導入した Y 超関数

$$\begin{aligned}
Y_\mu(x) &= \frac{x^{\mu-1}}{\Gamma(\mu)} \theta(x) \quad (\mu \neq 0, -1, -2, \cdots), \\
&= \delta^{(n)}(x) \quad (\mu = -n;\ n = 0, 1, 2, \cdots)
\end{aligned} \tag{2.3}$$

を参照すれば,複素数 ν に対し,

$$\begin{aligned}
D^\nu F(x) &\equiv \int_0^x dy \, Y_{-\nu}(x-y) F(y) \\
&= \int_{-\infty}^\infty dy \, Y_{-\nu}(x-y) F(y)
\end{aligned} \tag{2.4}$$

と定義するのは極めて自然である.このとき1章の (10.30) は

$$D^\mu D^\nu = D^{\mu+\nu} \tag{2.5}$$

を保証する.この基本的性質は,作用される関数を $x < 0$ で 0 のものに限っておかないと成立しないことを注意しておこう.

なお,D^ν を使った線形微分方程式は,「ヴォルテラ型」とよばれる積分方程式である.

対数階微分

対数階微分 $\log D$ を定義することを考えよう.e^D と違って $\log D$ は D のべき級数に展開するというわけにはいかない.そ

れで $\log D \equiv \lim_{\nu \to 0} \partial D^\nu / \partial \nu$ によって定義することを考える. (2.4) の右辺を ν で偏微分すれば,

$$\frac{\partial}{\partial \nu} \int_0^x dy\ Y_{-\nu}(x-y) F(y)$$
$$= \int_0^x dy\ \big(\psi(-\nu) - \log(x-y)\big) Y_{-\nu}(x-y) F(y) \tag{2.6}$$

となる. ここに $\psi(\xi)$ は**ディガンマ関数**

$$\psi(\xi) \equiv \frac{d}{d\xi} \log \Gamma(\xi) = \frac{\Gamma'(\xi)}{\Gamma(\xi)} \tag{2.7}$$

である (したがって $(d/d\xi)(1/\Gamma(\xi)) = -\psi(\xi)/\Gamma(\xi)$ で, (2.6) ではこれを用いた). $\psi(\xi)$ は $\xi = 0$ で単純極をもつ. そのローラン展開は

$$\psi(\xi) = -\frac{1}{\xi} - \gamma + O(\xi) \tag{2.8}$$

のようになる. ここに $\gamma \equiv -\Gamma'(1)$ [*3], $O(\xi)$ は ξ の 1 次以上の項を表す.

(2.8) の証明は, $\log \Gamma(\xi+1)$ が $\xi = 0$ の近傍では正則であることを用いる. ガンマ関数の漸化式 [1 章 (9.3)], すなわち $\Gamma(\xi) = \Gamma(\xi+1)/\xi$, の対数をとって微分すると $\psi(\xi) = \psi(\xi+1) - (1/\xi)$ だから, この右辺第 1 項を $\xi = 0$ でテイラー展開すればよい. (証明終)

さて式から明らかなように, (2.6) の第 1 項は $\nu = 0$ に

[*3] $\gamma = 0.577215\cdots$ は**オイラーの定数**で, 通常は

$$\gamma \equiv \lim_{n \to \infty} \Big(\sum_{k=1}^n \frac{1}{k} - \log n \Big)$$

で定義される. 無理数と思われるが, 証明はされていない.

おいて無限大である．また第 2 項も，括弧をほどいてみると $\lim_{\nu \to 0} \log(x-y) \cdot Y_{-\nu}(x-y)$ となって，何だかよくわからないものである．そこで y について部分積分

$$\int_0^x dy\, Y_{-\nu}(x-y) \cdot \log(x-y) F(y)$$
$$= \int_0^x dy\, Y_{-\nu+1}(x-y)\Big(-\frac{F(y)}{x-y} + \log(x-y)F'(y)\Big) \tag{2.9}$$

を行うと，右辺の第 1 項は，

$$\frac{Y_{-\nu+1}(x-y)}{x-y} = \frac{(x-y)^{-\nu-1}}{\Gamma(-\nu+1)}\theta(x-y) = \frac{1}{-\nu}Y_{-\nu}(x-y) \tag{2.10}$$

と書き換えてみればわかるように，(2.6) の第 1 項の極 $1/\nu$ ((2.8)参照) の寄与とちょうどキャンセルする．以上の考察から，(2.6) は

$$\frac{\partial}{\partial \nu}D^\nu F(x) = \frac{\partial}{\partial \nu}\int_0^x dy\, Y_{-\nu}(x-y)F(y)$$
$$= \int_0^x dy\, \Big((-\gamma + O(\nu))Y_{-\nu}(x-y)F(y)$$
$$\quad - \log(x-y)Y_{-\nu+1}(x-y)F'(y)\Big) \tag{2.11}$$

と書き換えられることがわかった．(2.11) において極限 $\nu \to 0$ をとれば，

$$(\log D)F(x) = -\gamma F(x) - \int_0^x dy\, \log(x-y)F'(y) \tag{2.12}$$

となる．(2.12) によって対数階微分が定義される．$\lim_{y \to +0} F(y) = c \neq 0$ のときは，この右辺において $F'(y)$ が $c\delta(y)$ を含むこ

148

とに注意しておく．

(2.12) の $F(x)$ を $f(x)F(x)$ に置き換えた式と，(2.12) の両辺に $f(x)$ を乗じた式との差を考えると，

$$(\log D)(f(x)F(x)) - f(x)(\log D)F(x)$$
$$= \int_0^x dy\ \log(x-y)(f(x)F'(y) - (f(y)F(y))')$$
(2.13)

となるが，これを y について部分積分すれば，

$$[\log D, f(x)]F(x) = \int_0^x dy\ \frac{f(x) - f(y)}{x - y} F(y) \quad (2.14)$$

というきれいな式が得られる．(1.1) と比較すれば，微分商が差分商を核とした積分になっている．

対数のべき乗階微分

(2.12) において $F(x) = Y_{-\nu+1}(x)$ とすると，

$$(\log D)Y_{-\nu+1}(x) = -\gamma Y_{-\nu+1}(x) - \int_0^x dy\ \log(x-y)Y_{-\nu}(y)$$
(2.15)

である．この右辺の積分を計算するために，ベータ関数の公式 [1 章 (9.12),(9.13) 参照]

$$\int_0^1 dt\ t^{\mu-1}(1-t)^{\nu-1} = \frac{\Gamma(\mu)\Gamma(\nu)}{\Gamma(\mu+\nu)} \quad (2.16)$$

を思い起こそう．これを ν について偏微分して $\nu = 1$ とおく．$\psi(\xi)$ の定義式 (2.7) と漸化式 $\Gamma(\mu+1) = \mu\Gamma(\mu)$，および $\Gamma'(1) = -\gamma$ を用いると，

$$\int_0^1 dt\ t^{\mu-1}\log(1-t) = -\frac{1}{\mu}(\gamma + \psi(\mu+1)) \quad (2.17)$$

を得る．(2.15) の右辺に現れる積分

$$
\int_0^x dy \, \log(x-y) \cdot y^{-\nu-1}
$$
$$
= \log x \int_0^x dy \, y^{-\nu-1} + \int_0^x dy \, \log\left(1 - \frac{y}{x}\right) \cdot y^{-\nu-1} \tag{2.18}
$$

において，右辺第 1 項はすぐ積分でき，第 2 項は $y/x = t$ とおけば (2.17) を用いて積分が遂行できる．両辺を $\Gamma(-\nu)$ で割れば，結局

$$
\int_0^x dy \, \log(x-y) Y_{-\nu}(y)
$$
$$
= \log x \cdot Y_{-\nu+1}(x) - \bigl(\gamma + \psi(-\nu+1)\bigr) Y_{-\nu+1}(x) \tag{2.19}
$$

となる．これを (2.15) に代入すると，

$$
(\log D) Y_{-\nu+1}(x) = -\bigl(\log x - \psi(-\nu+1)\bigr) Y_{-\nu+1}(x) \tag{2.20}
$$

を得る．この右辺をよく見ると，ちょうど ν についての偏微分になっていることに気づく [(2.6) 参照]．すなわち，

$$
(\log D) Y_{-\nu+1}(x) = \frac{\partial}{\partial \nu} Y_{-\nu+1}(x) \tag{2.21}
$$

という美しい公式が得られる．(2.21) から，n が 0 または正の整数ならば，

$$
(\log D)^n Y_{-\nu+1}(x) = \left(\frac{\partial}{\partial \nu}\right)^n Y_{-\nu+1}(x) \tag{2.22}
$$

であることがわかる．この右辺を $n!$ で割って足しあげると，

$$
\sum_{n=0}^{\infty} \frac{1}{n!} \left(\frac{\partial}{\partial \nu}\right)^n Y_{-\nu+1}(x) = \exp\left(\frac{\partial}{\partial \nu}\right) Y_{-\nu+1}(x) \tag{2.23}
$$

となるが, (1.5) に与えたように, 微分演算子の指数関数 $\exp(\partial/\partial\nu)$ は並進演算子 $\nu \mapsto \nu+1$ なので, 右辺は $Y_{-\nu}(x)$ に等しい. これは (2.22) の左辺を $n!$ で割って足しあげたものに等しいはずだから,

$$\sum_{n=0}^{\infty} \frac{1}{n!} (\log D)^n Y_{-\nu+1}(x) = Y_{-\nu}(x) \tag{2.24}$$

を得る. この式は形式的等式

$$\sum_{n=0}^{\infty} \frac{1}{n!} (\log D)^n = \exp(\log D) = D \tag{2.25}$$

とたしかに辻褄が合っている.

なお (2.22) の n を複素数に拡張したいところだが, $Y_{-\nu+1}(x)$ は $\nu < 0$ で 0 ではないので, 単純にはできない.

3 非可換量を含む定数係数線形常微分方程式

ハイゼンベルク方程式

1 節に定数係数の線形常微分方程式の演算子法による解法を与えた. ここで, 係数はもちろん数, すなわち可換量である. もし, 係数が行列やオペレータのような非可換量であったら, どうであろうか. 例えば, 量子力学の基礎方程式である**ハイゼンベルク方程式**は, H を**ハミルトニアン演算子**とするとき, 物理量 $X(t)$ に対して[*4],

---

[*4] $\hbar = 1$ の単位系をとる. コラム 4 でのハミルトニアン $H(q,p)$ に対し, 微分演算子を使う代わりに交換関係 $[q_j, p_k] = i\delta_{jk}$ を設定したものがハミルトニアン演算子である. なお, 第 1 章 (4.13) の下で注意したように, ハイゼンベルク方程式 (3.1) は, 2 つの物理量の積 $X(t)Y(t)$ に対するものを考えることとコンシステントになっている.

$$i\frac{d}{dt}X(t) + HX(t) - X(t)H = 0 \tag{3.1}$$

である．H と $X(t)$ とが非可換なので (3.1) は非自明な方程式になっている．その解は，

$$X(t) = e^{iHt}X(0)e^{-iHt} \tag{3.2}$$

で与えられる．じっさい，

$$\begin{aligned}\frac{d}{dt}X(t) &= iHe^{iHt}X(0)e^{-iHt} + e^{iHt}X(0)e^{-iHt}(-iH)\\ &= i(HX(t) - X(t)H)\end{aligned} \tag{3.3}$$

である．これはこの方程式が非常に簡単だから解がメノコで見つかったのであって，もう少し複雑な方程式だったらどうやって解けばよいのか，数学の教科書には書かれていない．

本節では，定数係数線形常微分方程式におけるすべての係数が，上例のようにただ1個（複数個であってもそれら同士で可換であれば差し支えない）の非可換量の関数として表されている場合の解を計算する一般的方法を与える．非可換性は具体的に規定しない，すなわちすべての計算を順序変更なしに遂行するということである．

非可換量を含む線形代数方程式

非可換量の取り扱いに慣れるために，まず代数方程式の場合を考えてみよう．非可換量として最も簡単な例は2次の正方行列であろう．行列要素の個数は4であるから，任意の2次正方行列を特定の4個の行列の一次結合として表すことができる．量子論では，4個の特定の行列として，単位行列と**パウリ行列**とよばれる3つの行列 σ_1, σ_2, σ_3 を選ぶ．パウリ行列は互いに

非可換で,いずれも2乗すれば単位行列になる.以下の議論ではできるだけ具体的な行列のイメージから脱却したいので,単位行列を1で表し,パウリ行列のどれか1つを A とする. A の性質として仮定することは, $A^2 = 1$ であることと,別に導入する2つの量 X と B とは非可換であるということだけである.交換関係は一切仮定しないが,2次の正方行列というバックグラウンドから期待されるように,4個の量 B, AB, BA, ABA は一次独立であり,かつ考察する量はすべてこれらの一次結合で表すことができるとする[*5].

さて考える方程式は,非可換量を含む代数方程式

$$a_{00}X + a_{10}AX + a_{01}XA + a_{11}AXA = B \tag{3.4}$$

である.ここに a_{jk} を普通の数,すなわちすべての量と可換な量である.仮定により, X は

$$X = b_{00}B + b_{10}AB + b_{01}BA + b_{11}ABA \tag{3.5}$$

という形に書ける.これを (3.4) に代入すれば,数係数 b_{jk} に対する連立1次方程式

$$\begin{aligned}
a_{00}b_{00} + a_{10}b_{10} + a_{01}b_{01} + a_{11}b_{11} &= 1, \\
a_{00}b_{10} + a_{10}b_{00} + a_{01}b_{11} + a_{11}b_{01} &= 0, \\
a_{00}b_{01} + a_{10}b_{11} + a_{01}b_{00} + a_{11}b_{10} &= 0, \\
a_{00}b_{11} + a_{10}b_{01} + a_{01}b_{10} + a_{11}b_{00} &= 0
\end{aligned} \tag{3.6}$$

を得る.これをクラメールの解法で解いて (3.5) に代入すれば,解が求まる.

[*5] 代数学の言葉でいえば,可換体に A を添加して得られる (可換) 拡大体を (非可換) 係数域にもつような, B の同次1次式の代数を考える.

しかし，これでは何も面白くない．もっとスマートに解くことを考えよう．それには次のようなトリックを使う．まず，A を 2 倍に水増しして，互いに可換で独立な量 A_L と A_R を導入する（添え字 L と R はそれぞれ左と右を示す）．もちろん両方とも 2 乗すれば 1 になるものとする．そうすると，1, A_L, A_R, $A_\mathrm{L} A_\mathrm{R}$ の一次独立性により，(3.6) は

$$(a_{00} + a_{10} A_\mathrm{L} + a_{01} A_\mathrm{R} + a_{11} A_\mathrm{L} A_\mathrm{R}) \\ \times (b_{00} + b_{10} A_\mathrm{L} + b_{01} A_\mathrm{R} + b_{11} A_\mathrm{L} A_\mathrm{R}) = 1 \quad (3.7)$$

と書き直すことができる．A_L, A_R は X, B と可換であるものとし（つまり 1 つの積の中ではその書く位置に意味をもたせないということ），その代わりに X もしくは B の左にある A を A_L, 右にある A を A_R と書くことにする[*6]．そうすると，方程式 (3.4) は

$$(a_{00} + a_{10} A_\mathrm{L} + a_{01} A_\mathrm{R} + a_{11} A_\mathrm{L} A_\mathrm{R}) X = B \quad (3.8)$$

と書くことができる．他方，(3.4) の解は，(3.5) の右辺を A_L, A_R を使って書き直した式が，(3.7) の左辺の第 2 因子に B を乗じたものであることにより，

$$X = \frac{B}{a_{00} + a_{10} A_\mathrm{L} + a_{01} A_\mathrm{R} + a_{11} A_\mathrm{L} A_\mathrm{R}} \quad (3.9)$$

となる．これはまさしく (3.8) から直接形式的に割り算して得られる式に他ならない．

(3.9) をもとの A で書くためには，分母を「有理化」しなければならない．それは 2 段階で行うのが便利である．まず，

[*6] 代数学の言葉でいえば，可換体に A_L と A_R を添加して得られる (可換) 拡大体を (可換) 係数域にもつような，B の同次 1 次式の代数を考える．

$$X = \frac{(a_{00} + a_{11}A_{\rm L}A_{\rm R} - a_{10}A_{\rm L} - a_{01}A_{\rm R})B}{(a_{00} + a_{11}A_{\rm L}A_{\rm R})^2 - (a_{10}A_{\rm L} + a_{01}A_{\rm R})^2} \quad (3.10)$$

と変形する.そうすると,分母は $A_{\rm L}$ も $A_{\rm R}$ もない項と $A_{\rm L}A_{\rm R}$ の項だけになるので,さらにそれを「有理化」すればよい.結果はもちろん,(3.6) の解 b_{jk} を (3.5) に代入したものに一致する.

この方法で一般的な答えを出す計算は楽にはならないが,特別な場合には計算がエレガントになる.そして重要なことは非可換量を含んでいる式について割り算が自由にできるということである.このことは演算子法を応用したい場合に大変具合がよい.

上の議論をもう少し一般化しよう.A を $A^n = 1$ を満たす非可換量とする.例えば,n 次の巡回置換を考えればよい.行列で表現するならば,その行列要素は $A_{ml} = \delta_{m,l-1}$ ($m, l = 1, 2, \cdots, n$; 0 は n で置き換える)である.(3.4) を一般化した代数方程式は,

$$\sum_{j,k=0}^{n-1} a_{jk} A^j X A^k = B \quad (3.11)$$

である.そして (3.5) のように,解は

$$X = \sum_{j,k=0}^{n-1} b_{jk} A^j B A^k \quad (3.12)$$

と書けるとする.これを (3.11) に代入して両辺を比較すれば,n^2 元連立方程式

$$\sum_{j,k=0}^{n-1} a_{jk} b_{j'k'} = \delta_{j+j',0} \delta_{k+k',0} \quad (3.13)$$

を得る.ただし,添え字は n を法として考える,すなわち n 以上の添え字は n を差し引くものとする.そこで,可換量 $A_{\rm L}$,

A_R を導入し，$A_\mathrm{L}^n = A_\mathrm{R}^n = 1$ とすると，(3.13) は

$$\Big(\sum_{j,k=0}^{n-1} a_{jk} A_\mathrm{L}^j A_\mathrm{R}^k\Big)\Big(\sum_{j',k'=0}^{n-1} b_{j'k'} A_\mathrm{L}^{j'} A_\mathrm{R}^{k'}\Big) = 1 \quad (3.14)$$

と書き換えられる．他方 (3.11) は

$$\Big(\sum_{j,k=0}^{n-1} a_{jk} A_\mathrm{L}^j A_\mathrm{R}^k\Big)X = B \quad (3.15)$$

となる．上の考察から，その解は (3.15) を形式的に割り算した式

$$X = \frac{B}{\sum_{j,k=0}^{n-1} a_{jk} A_\mathrm{L}^j A_\mathrm{R}^k} \quad (3.16)$$

で与えられることがわかる．

あとで使うので，具体例を示しておく．方程式

$$AX + XA = B, \quad A^3 = 1 \quad (3.17)$$

の解は，

$$\begin{aligned}X &= \frac{B}{A_\mathrm{L} + A_\mathrm{R}} = \frac{(A_\mathrm{L}^2 - A_\mathrm{L} A_\mathrm{R} + A_\mathrm{R}^2)B}{A_\mathrm{L}^3 + A_\mathrm{R}^3} \\ &= \frac{1}{2}(A^2 B - ABA + BA^2)\end{aligned} \quad (3.18)$$

となる．

以上の議論で n は任意だから，形式的に $n \to \infty$ の極限を考えることができる．この場合，条件式 $A^n = 1$ は消失し，形式解は A_L と A_R の多項式の逆数を展開して得られる形式的な級数として書ける．したがって，もしそれが収束すれば正しい解を与える．収束しない場合でも，A を zA に置き換え，すべてを計算したのち，形式解の級数がゼロでない収束半径をもてば，それを $z = 1$ まで解析接続することによって正しい解が得られ

るであろう.

記号法に関する注意

上記の議論で，A が B の左にあるとき A_L，右にあるとき A_R と書くという記号法を用いた．これをそれぞれもっとなじみのある記号 $\overrightarrow{A}$ および $\overleftarrow{A}$ で表すと，矢印の方向と作用される対象の位置が整合しない式がでてきて具合が悪い．ここで強調したいことは，オペレータの作用の仕方を，書く位置によって決めるのではなくて，「位置の指定もオペレータの定義の中に組み込む」という考え方である．ここでは B はただ 1 個だったが，B のような量が複数個 ($B_1, B_2, \cdots, B_n$) あって，その積を取り扱う場合であれば，A のほうも位置に応じて $A_0, A_1, \cdots, A_n$ を導入する必要がある．この場合矢印を用いた記号法では拡張できない．またその記号法に囚われて，このような拡張を思いつかないという結果を生む．微分の記号法で，ライプニッツのそれがニュートンのそれより優っていて，微積分学の進歩に大きく貢献したことを思い起こそう．

また別の例として，多数個の行列の積を考えてみよう．行列の積は特定の順序のものしか考えることができない．そしてトレースも新たな記号を導入しなければ表せない．ところが，もし同じことを 2 階テンソルの積と縮約を用いて表せば，積の順序に囚われることなく融通自在だ．テンソル解析のテンソル記号法は，テンソルを点で，縮約を線で表せば，まさしく「グラフ理論」でいう「グラフ」になるのである．

数式に現れる量を 1 列に並べて書くというのは，文章を順次に書くのと同様，古来からの習慣．普通の人間はコンピュータと違って並列処理ができないから，表記は線形順序に従った

のである．しかし数学の概念までそれに引きずられることはないであろう．順序概念をも演算（作用）の 1 種としてとらえることにより，新しい数学の展望が生まれるかも知れない．

非可換量を含む線形常微分方程式

さて，係数が非可換量を含む定数係数線形常微分方程式の考察に戻ろう．上で見たように，その非可換量をその位置に応じて添え字 L, R をつけ，可換量として扱うのが便利である．例えば (3.1) のハイゼンベルク方程式は

$$(iD + H_{\mathrm{L}} - H_{\mathrm{R}})X(t) = 0 \tag{3.19}$$

と書くことになる(初期条件を込めて書く場合は，右辺が $iX(0)\delta(t)$ になる)．

$\Phi(x)$, $F(x)$ は非可換量で，それぞれ x の未知関数，既知関数とする．考える微分方程式は

$$D^N \Phi(x) + \sum_{k=1}^{N} \sum_{j} f_{kj}(A) D^{N-k} \Phi(x) g_{kj}(A) = F(x) \tag{3.20}$$

のような形に書ける方程式である．ここに $f_{kj}(A)$ と $g_{kj}(A)$ は A の任意関数，j についての和は有限和とする．ややこしいようだが，要するに $\Phi(x)$ の各導関数について，左右から A の任意関数を乗じたものの有限和を係数とする正規型 N 階常微分方程式ということである．A_{L} と A_{R} を用いて書き直せば，

$$\varphi(D)\Phi(x) = F(x), \quad \varphi(D) \equiv \sum_{k=0}^{N} E_k D^{N-k} \tag{3.21}$$

となる．ただし，

$$E_0 \equiv 1, \quad E_k \equiv \sum_j f_{kj}(A_{\rm L}) g_{kj}(A_{\rm R}) \quad (k=1,2,\cdots,N) \tag{3.22}$$

とおいた．(3.21) の形式解は

$$\Phi(x) = \frac{1}{\varphi(D)} F(x) \tag{3.23}$$

である．この右辺を 1 節に与えたヘヴィサイド・ミクシンスキーの演算子法で計算する．

方程式 $\varphi(z) = 0$ は正体のよくわからない $A_{\rm L}$ と $A_{\rm R}$ とを係数に含むので，その解といっても正体不明かも知れないが，そこは目をつむって N 個の解をもつものとする．そしてまず重解がないとし，解を $z = G_k \ (k=1,2,\cdots,N)$ とする．$\varphi(z)$ の逆数の部分分数展開を

$$\frac{1}{\varphi(z)} = \sum_{k=1}^{N} \frac{H_k}{z - G_k} \tag{3.24}$$

と書く．ただし，$H_k \equiv 1/\varphi'(G_k)$．$z$ の代わりに D を入れて，これを (3.23) に代入すれば，

$$\Phi(x) = \sum_{k=1}^{N} \frac{H_k}{D - G_k} F(x) \tag{3.25}$$

となる．ミクシンスキーの理論が使えるものとして，(1.24) から

$$\frac{1}{D-G} F(x) = \int_0^x dy \, e^{G(x-y)} F(y) \tag{3.26}$$

である．したがって，(3.25) は，

$$\Phi(x) = \int_0^x dy \sum_{k=1}^{N} H_k e^{G_k(x-y)} F(y) \tag{3.27}$$

となる．

具体例で調べてみよう．2階微分方程式

$$D^2\Phi(x) - A^2\Phi(x) - 2A\Phi(x)A - \Phi(x)A^2 = F(x), \\ A^3 = 1 \tag{3.28}$$

を考察する．A_L, A_R で書くと，

$$\bigl(D^2 - (A_\mathrm{L} + A_\mathrm{R})^2\bigr)\Phi(x) = F(x), \quad A_\mathrm{L}^3 = A_\mathrm{R}^3 = 1 \tag{3.29}$$

となる．したがって，(3.25) と (3.27) により，

$$\begin{aligned}\Phi(x) &= \frac{1}{2(A_\mathrm{L} + A_\mathrm{R})}\Bigl(\frac{1}{D - A_\mathrm{L} - A_\mathrm{R}} - \frac{1}{D + A_\mathrm{L} + A_\mathrm{R}}\Bigr)F(x) \\ &= \frac{1}{2(A_\mathrm{L} + A_\mathrm{R})}\int_0^x dy\,(e^{(A_\mathrm{L} + A_\mathrm{R})(x-y)} \\ &\qquad\qquad\qquad - e^{-(A_\mathrm{L} + A_\mathrm{R})(x-y)})F(y)\end{aligned} \tag{3.30}$$

を得る．(3.18) を用いると，

$$\Phi(x) = \frac{1}{4}\Bigl(A^2\Psi(x) - A\Psi(x)A + \Psi(x)A^2\Bigr) \tag{3.31}$$

となる．ただし

$$\Psi(x) \equiv \int_0^x dy\,\bigl(e^{A(x-y)}F(y)e^{A(x-y)} \\ - e^{-A(x-y)}F(y)e^{-A(x-y)}\bigr) \tag{3.32}$$

とおいた．

この例は具合のいい場合である．一般には，G_k, H_k が A_L, A_R のどんな関数かわからないので，(3.27) のままでは使いものにならないだろう．すなわち，G_k と H_k は A_L と A_R の複雑な無理関数であろうから，A_L と A_R を分離してもとの A に

戻せるかどうかが大問題である．これがつねにうまくいくことを次に証明しよう．

分離可能性の証明

多項式

$$\varphi(z) = \sum_{k=0}^{N} E_k z^{N-k} \qquad (E_0 = 1) \tag{3.33}$$

の逆数を $1/z$ の形式的べき級数

$$\frac{1}{\varphi(z)} = \sum_{n=0}^{\infty} \frac{C_n}{z^{N+n}} \tag{3.34}$$

に展開する．この両辺に $\varphi(z)$ を乗じて，$1/z$ のべきごとにまとめると，

$$1 = \sum_{m=0}^{\infty} \sum_{k=0}^{N} \frac{E_k C_m}{z^{k+m}} = \sum_{n=0}^{\infty} \frac{1}{z^n} \sum_{k=0}^{\min(n,N)} E_k C_{n-k} \tag{3.35}$$

を得る．したがって，C_n に対して漸化式

$$E_0 C_0 = 1, \quad \sum_{k=0}^{\min(n,N)} E_k C_{n-k} = 0 \ (n = 1, 2, \cdots) \tag{3.36}$$

が成立する．C_n の係数は $E_0 = 1$ であるから，この漸化式は $C_n = \cdots$ という形になる．(3.22) から，E_k はすべて A_L の関数と A_R の関数の積の有限和であるが，この漸化式により C_n もすべて A_L の関数と A_R の関数の積の有限和であることが数学的帰納法によって証明される．

他方，(3.24) の右辺を $1/z$ のべきに展開すると，

第 3 章　微分演算子の解析学

$$\frac{1}{\varphi(z)} = \sum_{k=1}^{N} \sum_{m=1}^{\infty} \frac{H_k G_k^{m-1}}{z^m}$$
$$= \sum_{n=-N+1}^{\infty} \frac{\sum_{k=1}^{N} H_k G_k^{n+N-1}}{z^{N+n}} \tag{3.37}$$

であるから，(3.34) と比較すると，

$$\sum_{k=1}^{N} H_k G_k^{n+N-1} = 0 \qquad (n < 0)$$
$$= C_n \qquad (n \geqq 0) \tag{3.38}$$

を得る．解 (3.27) の中の指数関数を形式的にべき展開すると，

$$\Phi(x) = \int_0^x dy \sum_{k=1}^{N} H_k \sum_{m=0}^{\infty} \frac{G_k{}^m (x-y)^m}{m!} F(y)$$
$$= \int_0^x dy \sum_{n=-N+1}^{\infty} \frac{\sum_{k=1}^{N} H_k G_k{}^{n+N-1}}{(n+N-1)!}$$
$$\times (x-y)^{n+N-1} F(y) \tag{3.39}$$

であるから，(3.38) により，

$$\Phi(x) = \int_0^x dy \sum_{n=0}^{\infty} \frac{C_n}{(n+N-1)!}(x-y)^{n+N-1} F(y) \tag{3.40}$$

と書けることがわかる．上で証明したように，C_n はすべて A_L の関数と A_R の関数の積の有限和であったから，A_L と A_R をもとの A に戻すことは容易である．（証明終）

また，係数に関する連続性により，解 (3.40) は $\varphi(z)=0$ が重解をもつ場合にも正しい．

(3.40) で $\Phi(x)$ を級数展開の形で与えたので，収束性を論じ

ておく. そのためには, 非可換量に対する「ノルム」*7を考えなければならない. 何らかの方法で E_k のノルム $\|E_k\|$ が定義されているものとしよう. このとき

$$M \equiv \max\{1, \|E_k\|^{1/k} \ (k=1,2,\cdots,N)\} \tag{3.41}$$

とおけば, C_n の漸化式 (3.36) から, 数学的帰納法により $\|C_n\| \leqq (2M)^n$ がいえる. じっさい, まず $n=0$ のときは $C_0 = 1$ だから自明. したがって, 数学的帰納法の仮定の下で,

$$\|C_n\| \leqq \sum_{k=1}^{\min(n,N)} \|E_k\| \cdot \|C_{n-k}\| \leqq \sum_{k=1}^{n} M^k (2M)^{n-k} \leqq (2M)^n \tag{3.42}$$

である. したがって, このべき級数は 0 でない収束半径をもつ. (証明終)

非可換量を含む微分方程式の解

(3.40) がもとの微分方程式 (3.21) の解になっていることを項別微分によって確かめるには, この式を Y 超関数でもって表しておけばよい. すなわち,

$$\Phi(x) = \int_0^x dy \sum_{n=0}^{\infty} C_n Y_{n+N}(x-y) F(y) \tag{3.43}$$

とする.

具体例として, 非可換量 A を含む $N=2$ の微分方程式

$$D^2 \Phi(x) - A\Phi(x) - \Phi(x)A = F(x) \tag{3.44}$$

---

*7 ノルムとは, オペレータに対する絶対値のようなものである.

を考えてみよう．

$$\varphi(z) = z^2 - (A_{\mathrm{L}} + A_{\mathrm{R}}) \tag{3.45}$$

であるから，

$$\frac{1}{\varphi(z)} = \sum_{k=0}^{\infty} \frac{(A_{\mathrm{L}} + A_{\mathrm{R}})^k}{z^{2k+2}} \tag{3.46}$$

である．したがって，C_n は n が奇数のとき 0, $n = 2k$ のとき $C_{2k} = (A_{\mathrm{L}} + A_{\mathrm{R}})^k$ となる．ゆえに，(3.43) から，

$$\Phi(x) = \int_0^x dy \sum_{k=0}^{\infty} Y_{2k+2}(x-y) \\ \times \sum_{j=0}^{k} \frac{k!}{j!(k-j)!} A^j F(y) A^{k-j} \tag{3.47}$$

を得る．じっさい (3.47) が (3.44) を満たしていることは，$D^2\Phi$ の $k = 0$ の項は $D^2 Y_2(x-y) = Y_0(x-y) = \delta(x-y)$ により右辺を与え，$k > 0$ の部分は $A\Phi + \Phi A$ に等しいことでわかる．

微分方程式 (3.21) の右辺の $F(x)$ が x のべき級数で与えられている場合は，(3.43) の y 積分を遂行することができる．そして，初期条件をあらわに取り込むことも自然にできる．$F(x) = F(x)\theta(x)$ であったから，べき級数は

$$F(x) = \sum_{k=-N}^{\infty} F_k Y_{k+1}(x) \tag{3.48}$$

と書いてもよい．ここに $k < 0$ の部分は $Y_{-|k|+1}(x) = \delta^{(|k|-1)}(x)$ なので，初期条件に対応する．(1.20) を計算すれば，$k < 0$ に対し，

$$F_k = \sum_{j=0}^{N-|k|} E_{N-|k|-j}\Phi^{(j)}(0) \tag{3.49}$$

であることがわかる（証明は少し手間がかかるので，節末に付録として与えておく）．(3.48) を (3.43) に代入すれば，

$$\Phi(x) = \int_0^x dy \sum_{m=0}^{\infty} C_m Y_{m+N}(x-y) \sum_{k=-N}^{\infty} F_k Y_{k+1}(y) \tag{3.50}$$

となる．1章の公式 (10.30) を用いて y 積分を遂行すると，

$$\Phi(x) = \sum_{k=-N}^{\infty} \sum_{m=0}^{\infty} C_m F_k Y_{m+N+k+1}(x) \tag{3.51}$$

を得る．$m = n-j$, $k = j-N$ として，これをべき級数の形に書けば，

$$\Phi(x) = \sum_{n=0}^{\infty} \Big(\sum_{j=0}^{n} C_{n-j} F_{j-N}\Big) Y_{n+1}(x) \tag{3.52}$$

という美しい結果が得られる．

最後に，(3.52) がたしかに (3.21) を満たしていることを確認しておこう．(3.52) を代入し微分を遂行すると，

$$\varphi(D)\Phi(x) = \sum_{k=0}^{N} E_k \sum_{n=0}^{\infty} \sum_{j=0}^{n} C_{n-j} F_{j-N} Y_{n-N+k+1}(x) \tag{3.53}$$

となる．$n-N+k = m$ とおくと，$n = m+N-k$ であるから，

$$\varphi(D)\Phi(x) = \sum_{m=-N}^{\infty} \sum_{j=0}^{m+N} \Big(\sum_{k=0}^{\min(m+N-j,N)} E_k C_{(m+N-j)-k} \Big) \\ \times F_{j-N} Y_{m+1}(x) \tag{3.54}$$

と書き換えられる．括弧内は (3.36) により，$m+N-j=0$ のときだけ 1 で，他は 0 である．したがって，$j=m+N$ のところだけが生き残り，

$$\varphi(D)\Phi(x) = \sum_{m=-N}^{\infty} F_m Y_{m+1}(x) = F(x) \tag{3.55}$$

となる．（証明終）

[付録]　初期条件の式 (3.49) の証明

まず任意関数 F, G に対して成立する恒等式

$$D^n(FG) - (D^n F)G = \sum_{m=0}^{n-1} D^m\bigl((D^{n-m-1}F)DG\bigr) \tag{3.56}$$

を数学的帰納法で証明する．$n=1$ のときは両辺とも FDG に等しいからもちろん OK である．この式が成立しているとして，両辺に D を作用させると，左辺は

$$D\bigl(D^n(FG) - (D^n F)G\bigr) = D^{n+1}(FG) - (D^{n+1}F)G \\ - (D^n F)DG \tag{3.57}$$

で，右辺は

$$D\sum_{m=0}^{n-1} D^m\bigl((D^{n-m-1}F)DG\bigr) \\ = \sum_{m=1}^{n} D^m\bigl((D^{n-m}F)DG\bigr) \tag{3.58} \\ = \sum_{m=0}^{n} D^m\bigl((D^{n-m}F)DG\bigr) - (D^n F)DG$$

となる．(3.57) の右辺と (3.58) の右辺が等しいという式は，両

辺の最後の項がキャンセルするので，残りが (3.56) の n を $n+1$ とした式になる．（証明終）

さて，これから行うのは (1.31) の計算の一般化である．(1.20) と (3.21) とから，$F(x)$ のうち初期条件に対応する部分は，

$$F(x)_{\text{initial}} \equiv \varphi(D)\big(\Phi(x)\theta(x)\big) - \big(\varphi(D)\Phi(x)\big)\theta(x)$$
$$= \sum_{k=0}^{N-1} E_k \Big(D^{N-k}\big(\Phi(x)\theta(x)\big)$$
$$- \big(D^{N-k}\Phi(x)\big)\theta(x) \Big) \qquad (3.59)$$

である（E_N の係数は 0 になるから，和は $k=N-1$ まででよい）．E_k の係数は，(3.56) の左辺において $F=\Phi$, $G=\theta$, $n=N-k$ としたものだから，$D\theta(x) = \delta(x)$ と，任意の $\phi(x)$ に対し $\phi(x)\delta(x) = \phi(0)\delta(x)$ であることに注意すれば，

$$F(x)_{\text{initial}} = \sum_{k=0}^{N-1} E_k \sum_{m=0}^{N-k-1} D^m \big(D^{N-k-m-1}\Phi(x) \cdot \delta(x) \big)$$
$$= \sum_{k=0}^{N-1} E_k \sum_{m=0}^{N-k-1} \Phi^{(N-k-m-1)}(0) \delta^{(m)}(x)$$
$$= \sum_{m=0}^{N-1} \Big(\sum_{k=0}^{N-m-1} E_k \Phi^{(N-k-m-1)}(0) \Big) \delta^{(m)}(x)$$
$$(3.60)$$

を得る．他方，(3.48) から，

$$F(x)_{\text{initial}} = \sum_{k=-N}^{-1} F_k \delta^{(-k-1)}(x) = \sum_{m=0}^{N-1} F_{-m-1} \delta^{(m)}(x)$$
$$(3.61)$$

であるから，(3.60)（k を n と書き換えて）と (3.61) の $\delta^{(m)}(x)$

の係数を比較すると,

$$F_{-m-1} = \sum_{n=0}^{N-m-1} E_n \Phi^{(N-n-m-1)}(0) \qquad (3.62)$$

を得る. すなわち,

$$F_k = \sum_{n=0}^{N+k} E_n \Phi^{(N+k-n)}(0) = \sum_{j=0}^{N+k} E_{N+k-j} \Phi^{(j)}(0) \qquad (3.63)$$

となる. $k < 0$ だから, これは (3.49) に他ならない.

あとがき

　微分方程式は賢い．
　アインシュタイン方程式はアインシュタインよりも賢い！
　シュレディンガー方程式はシュレディンガーよりも賢い！
　ディラック方程式はディラックよりも賢い！
　アインシュタインは宇宙は永遠に不変不滅だと信じていたが，アインシュタイン方程式は宇宙が定常ではありえないことを教えた．シュレディンガーは，物理学の基本量は何らかの物理的実在を表すものと思い込んでいたが，シュレディンガー方程式の解である波動関数は確率解釈でしか観測と関係づけられないものだった．ディラックは電子のディラック方程式から存在が導かれる正電荷の粒子を無理矢理に陽子と同定しようとしたが，じつは陽電子が実在したのだった．20世紀の初頭に現れた物理学の基礎理論の3大革命「特殊および一般相対論」「量子力学」「相対論的量子論」のそれぞれを代表するものというべきアインシュタイン方程式，シュレディンガー方程式，ディラック方程式は，いずれも微分方程式である．アインシュタイン方程式は重力の場が時空構造を支配する「時空計量」であって，連立非線形偏微分方程式に従うことを示したものである．シュレディンガー方程式は，一切の「日常常識」が通用しないミクロの世

界においても,偏微分方程式によって物理が正確に記述されることを明らかにした.ディラック方程式は,特殊相対論と量子論の融合が必然的に反粒子の存在を導くという驚くべき結論を生んだ.

現在の物理学の基礎理論は素粒子の「標準模型」もしくは「標準理論」とよばれる理論である.その理論的定式化は「場の量子論」とよばれる体系に基づいている.まだ完ぺきとはいえないが,実験的にも理論的にも極めて満足すべき理論である.場の量子論の基本的対象は素粒子そのものではなく,「量子場」とよばれるオペレータ(非可換量)である場(時空の関数)であって,作用積分から変分原理によって導かれる偏微分方程式系によって記述される.

標準理論は重力場を含まない.重力場の古典論であるアインシュタインの一般相対論は,理論的にも実証的にもみごとな成功を収めた人類のもつ最も輝かしい理論であるといえる.素粒子の標準理論は重力場を含まないが,アインシュタインの一般相対論の重力場を量子場として場の量子論の枠組に含めることは可能である.これを「量子アインシュタイン重力」という.場の量子論本来の姿である「ハイゼンベルク描像」において,量子アインシュタイン重力は極めて美しい定式化ができる[*1].しかるに「アインシュタインの重力理論は量子化できない」という,誤った根拠に基づく俗説が巷に流布しているようだ.これはまことに残念なことである.この俗説の真相は次の通りである.

場の量子論の方程式を解くのは非常に難しい.それで通常「共

[*1] 興味ある読者は,筆者の「重力場の量子論」に関する著作(巻末「参考文献案内」参照)を見ていただきたい.

変的摂動論」という近似法が用いられる．これは理論の出発点になっている作用積分を人為的に「自由場の部分」と「相互作用の部分」とに分け，前者を先に処理してしまう「相互作用描像」[*2]というものに立脚する計算法である．「相互作用定数」というパラメータのべき級数に展開し，低次から順次「ファインマン・ダイアグラム」を用いて計算を行う．この共変的摂動論の方法で計算すると，よく結果に無限大が現れる．これを「発散の困難」というが，標準理論では発散の困難は「くりこみ」とよばれる処方[*3]によって，観測可能量からはすべて消去できることが証明されている．この意味で標準理論は予言能力のある理論なのである．ところが，同じことを量子アインシュタイン重力の場合に適用すると，発散の困難はくりこみによって回避できない．したがって，量子アインシュタイン重力は予言能力がない，すなわち物理として意味がないということになった．これが上述の俗説の理論的根拠である．

しかし，共変的摂動論という計算法での困難を理論そのものの困難にすり替えたという点で，この推論は明らかに論理が飛躍している．が，そればかりでなく，根本から間違っているのだ．量子アインシュタイン重力に相互作用描像を導入することはできないのである．共変的摂動論が使えた理論はすべて特殊相対論の枠組みで構成された理論である．この場合，時空計量

[*2] 相互作用描像に基づく共変的摂動論は，朝永振一郎によって最初に提起され，シュウィンガー，ファインマン，ダイソンにより完成された．「共変的」とは特殊相対論的不変性が明らかな形式であるという意味である．

[*3] くりこみとは，最初に作用積分を人為的に自由場の部分と相互作用の部分に分けた分け方を，「無限大」だけ再調整する操作であるとみなすことができる．

は「ミンコフスキー計量」というものが先験的に与えられていて，時空構造のみならず座標系さえもあらかじめ決められているのである．ところがアインシュタイン重力では，時空計量そのものがアインシュタイン方程式の解なのであって，あらかじめ決まった時空計量などは一般相対論の作用積分のどこを探しても存在しない．そこでどうしても共変的摂動論を適用して量子重力をファインマン・ダイアグラムで計算をしたい人は，次のようなインチキを考案した．量子重力場の第 0 近似（重力定数をゼロにした極限）はミンコフスキー計量のような特定の計量（可換量）だと仮定して座標系まで固定したのである[*4]．これは一般相対論の屋台骨である「一般相対性原理」，すなわち「どんなに一般的な座標変換をしても理論の形は変わらない」という原理に真っ向から反することだ．座標系まで最初から勝手に選定したのでは，もはやアインシュタイン重力とはいえない．第 0 近似を勝手に決めるとはどういうことか，次のような比喩からも明らかであろう．あるフックス型の微分方程式の解として特殊関数 $F(x)$ を定義したいと考えたとする．そのとき，確定特異点のところでの展開を考えるのだが，決定方程式を無視し，最低次として自分に都合のよいものを勝手に仮定して x のべき展開を計算したとする．これで正しい $F(x)$ が求まるだろうか．どんなおかしな結果が出てきたとしても，それでもとの微分方程式は意味がないなどと結論できないであろう．量子重力でも，重力定数のべき級数に展開して計算するとき，その理論から定まる正しい最低次の結果を用いないで計算して，くり

[*4] 半世紀にもわたってこのようなインチキがまかり通っている理由は，答えさえ出せればそれでよしとする経路積分法の流行（後述）により，場の量子論の正しい定式化の理解が希薄になったためと思われる．

こみ不可能な発散の困難が現れても，それを理論そのものの欠陥とみなすことはできないはずである．

以上の議論から明らかなように，量子アインシュタイン重力には共変的摂動論が使えない．重力場の量子論はハイゼンベルク描像において解かねばならない．筆者は，筆者のところの助教であった阿部光雄氏と協力して，場の量子論をハイゼンベルク描像で解く一般的方法を開発した．この方法の第1段階は量子場が満たす偏微分方程式系の解を構成することである．偏微分方程式の初期値問題はコーシー問題とよばれるが，通常のコーシー問題と異なるところは，扱う対象がオペレータであることだ．偏微分方程式は一般に非線形なので，特別簡単な理論モデルを除き，厳密解を求めることは不可能である．そこで相互作用定数についてのべき展開を行う．このべき展開は共変的摂動論での展開と同じではない．第0近似は一般に非線形偏微分方程式であるが，簡単な理論モデルの場合に帰着することが多い．第1次以上の近似では，第0次の量を係数に含む非同次の線形偏微分方程式になる．これを常微分方程式に簡略化すると，第3章3節で考えたような非可換量を含む線形微分方程式になる．したがって，このような微分方程式の解法を偏微分方程式に拡張することが重要な問題である．

コーシー問題が解けたら，第2段階の「オペレータの表現」[*5]を決める考察が必要であるが，微分方程式とは関係のない話なので省略する．

筆者らは量子アインシュタイン重力の場合，重力定数でべき

[*5] オペレータ代数と同様な代数的性質をもつ（数学的にいえば，「準同型対応」するような）具体的な行列（もしくはそれと同等なもの）を見つけることを，そのオペレータ代数の「表現」という．

展開して第0近似をあらわに求めた．これは第1段階のみならず，第2段階も完全に遂行できる．その結果はもちろん共変的摂動論で勝手に仮定した第0近似とは異なるものである．正しい第0近似は，一般座標変換の量子論版である「BRS変換」という変換のもとで不変になっている．ミンコフスキー計量のような特定の座標系が選定されるのは，オペレータの表現の段階で起こる「自発的対称性の破れ」[*6]の結果としてである．標準理論において，光子以外の素粒子が質量をもつのは「カイラル対称性」の自発的破れのおかげであって，もし手抜きして作用積分に直接質量を持ち込めば，理論はくりこみ不可能になる．量子アインシュタイン重力の共変的摂動論がくりこみ不可能になったのは，これと同様に手抜きして時空計量を作用積分に直接持ち込んだからだと考えてもおかしくないであろう[*7]．

1970年代以降，素粒子物理学の理論の定式化に「経路積分法」[*8]というものが多く用いられるようになった．これはもとも

[*6] 自発的対称性の破れという概念は，超伝導理論からの類推で，南部陽一郎により素粒子の理論に導入されたものである．自発的対称性の破れでは，一般に無限に多くの可能性（数学的にいえば，「非同値な表現」）のうちの1つが実現するが，それらのどれが実現したとしても物理的内容は同等になる．

[*7] 物理学の基礎理論である重力場の量子論においての「座標系の選定」は，自発的対称性の破れという自然の摂理に基づくものなのであって，共変的摂動論でのように人間が恣意的にやるようなことではない．この自発的対称性の破れに伴い，一般論の帰結として質量0，スピン2の「南部・ゴールドストーン粒子」が存在しなければならないが，それは重力子（重力波の量子）に他ならない．つまり座標系選定の自由度が重力子の自由度を生むのである．

[*8] 経路積分法は非相対論的量子力学では数学的に正当化できるが，場の量子論ではまったく形式的である．

とオペレータ形式での場の量子論から得られる共変的摂動論の結果を，途中をすっ飛ばして一挙に積分形（母関数の形で）で与える方法であった．しかし近頃は，そういう根拠づけができない場合にも，経路積分法が拡張された意味でしばしば用いられている．だが，このような拡大解釈に基づく経路積分理論の予言が実験的に確かめられた例は1つもない．正しい物理学の基礎理論は，ニュートン以来の伝統である微分方程式に支えられたオペレータ形式の場の量子論（もしくはその拡張）で定式化できるはずだと，筆者は信じている．

参考文献案内

第1章 微積分学入門

この章で述べたことは解析学の基礎知識であり,関連する名著は多数存在する.この章を書くにあたってとくに参考にした本は,

岡本久・長岡亮介著『関数とは何か — 近代数学史からのアプローチ』(近代科学社, 2014)

高瀬正仁著『dx と dy の解析学 — オイラーに学ぶ』(日本評論社, 2000)

などである.ガンマ関数とベータ関数については,

犬井鉄郎著『特殊函数』[岩波全書](岩波書店, 1962)

を利用した.超関数に関しては,創始者による古典的名著

L. Schwartz 著,岩村聯訳『超函数の理論』(岩波書店, 1953)

を挙げておく.筆者が導入した複素デルタ関数は,

N. Nakanishi, *Progress of Theoretical Physics* **19** (1958), 607-621

にある.その後もいくつかの論文で利用した.

第2章 微分方程式

微分方程式に関する本は非常に多い.具体的にはアマゾンで「微分方程式」をひいて見ればよいであろう.微分方程式の解法に

関しては，古い本であるが，

　吉田耕作著『微分方程式の解法』[岩波全書] (岩波書店, 1954)

を挙げておく．タネ本として使わせていただいたが，かなりわかりやすくしたつもりである．そのほか微分方程式に関して参考にした本は，

　木村俊房著『常微分方程式』[共立数学講座] (共立出版, 1974)
　矢野健太郎・石原繁著『微分方程式』[基礎解析学コース]
　　　(裳華房, 1994)
　山本義隆著『力学と微分方程式』[数学書房選書] (数学書房, 2008)

などである．特殊関数については，『岩波　数学辞典』と上記犬井鉄郎著『特殊函数』を参照した．「多重振り子と鎖振り子」に関する記述は，筆者と世戸憲治氏 (北海学園大学名誉教授) との共著論文[*1]に基づく．

第3章　微分演算子の解析学

ミクシンスキーの理論に関しては，創始者の著書

　J. Mikusiński 著, 松村英之・松村重武訳『ミクシンスキー演算子法（上），（下）』(裳華房, 1963)

[*1] 新関章三・矢野忠編集のサーキュラー「数学・物理通信」
　　http://www.phys.cs.is.nagoya-u.ac.jp/~tanimura/math-phys
　　に掲載されている．多重振り子の結果は，河合俊治氏 (大阪市立大学名誉教授) によると，1943年渡部信夫という人が与えた由である．また鎖振り子を最初に解析したのはダニエル・ベルヌーイといわれている．最近，世戸憲治氏と筆者は，多重振り子の錘の質量が等しくない場合，および鎖振り子の鎖の密度が一定でない場合に拡張して，それぞれの固有値問題にラゲール陪多項式，一般次数のベッセル関数が現れるものが作れることを示した．

を挙げておく．非整数階の微分に関してはまだ一般向けの本は少ないが，最近出版された本

> 藤井一幸編『数理の玉手箱』(遊星社, 2010) の中の「関数を 1/2 回微分する」(浅田明執筆)

がある[*2]．なお筆者は，ミクシンスキー理論を少し拡張して，対数階微分のようにべき展開が使えない微分演算子の関数を定義する方法を与えた：

> N. Nakanishi, *Yokohama Mathematical Journal* **55** (2010), 149-163

非可換量を含む定数係数線形常微分方程式の解法の記述は，筆者と阿部光雄氏との次の共著論文に基づく[*3]．

> 中西襄・阿部光雄「非可換量を含む線形常微分方程式に対する演算子法」日本応用数理学会論文誌 **3** (1993), 445-450

あとがき

量子アインシュタイン重力の理論構成のまとめは，例えば

> 大槻義彦編『物理学最前線 3』(共立出版, 1983) の中の「重力場の量子論」(中西襄執筆)
>
> N. Nakanishi and I. Ojima, *Covariant Operator Formalism of Gauge Theories and Quantum Gravity* (World Scientific, 1990), [Chapter 5]

などがある．ハイゼンベルク描像での場の量子論の一般的解法については，

[*2] 対数階微分の式は浅田明氏 (信州大学名誉教授) による．
[*3] 前掲「数学・物理通信」にも再録．なお，3 章 (3.48) 以下の部分は，本書で初めて与える結果である．

N. Nakanishi, *Progress of Theoretical Physics* **111** (2004), 301-337

に詳しくレビューされている.なお,場の量子論の初歩から解説した簡単な要約が,

荒船次郎他編『現代物理学の歴史 I ― 素粒子・原子核・宇宙』[朝倉物理学大系](朝倉書店,2004)の中の「場の量子論へのアプローチ」(中西襄執筆)

にある.

本書中の主な数学者・物理学者

アインシュタイン (Einstein) 1879-1955
アダマール (Hadamard) 1865-1963
オイラー (Euler) 1707-1783
ガウス (Gauss) 1777-1855
ガリレイ (Galilei) 1564-1642
クレーロー (Clairaut) 1713-1765
クロネッカー (Kronecker) 1823-1891
ケプラー (Kepler) 1571-1630
コーシー (Cauchy) 1789-1857
シュヴァルツ (Schwartz) 1915-2002
シュレディンガー (Schrödinger) 1887-1961
スツルム (Sturm) 1803-1855
ダランベール (d'Alembert) 1717-1783
テイラー (Tayler) 1685-1731
ディラック (Dirac) 1902-1984
ド・モアヴル (de Moivre) 1667-1754
ニュートン (Newton) 1642-1727
ネーター (Noether) 1842-1935

ノイマン (Neumann) 1832-1925
ハイゼンベルク (Heisenberg) 1901-1976
フックス (Fuchs) 1833-1902
フーリエ (Fourier) 1768-1830
フロベニウス (Frobenius) 1849-1917
ヘヴィサイド (Heaviside) 1850-1925
ベッセル (Bessel) 1784-1846
マクローリン (Maclaurin) 1698-1746
ミクシンスキー (Mikusiński) 1913-1987
ライプニッツ (Leibniz) 1646-1716
ラグランジュ (Lagrange) 1736-1813
ラゲール (Laguerre) 1834-1886
ラプラス (Laplace) 1749-1827
リューヴィル (Liouville) 1809-1882
リーマン (Riemann) 1826-1866
ルジャンドル (Legendre) 1752-1833
ルベーグ (Lebesgue) 1875-1941
ロドリーグ (Rodrigues) 1794-1851
ローラン (Laurent) 1813-1854
ロンスキー (Wronski) 1776-1853

索 引

本文中，標題以外の太字で表示した語句

あ 行

アダマールの有限部分 49
異常積分 20
位数 (極の) 35
位置エネルギー 58
一次結合 11
一様収束 25
一様連続 7
一致の定理 34
一般解 59
陰関数 2
ウェイト 106
運動エネルギー 58
演算子 14
演算子法 135
　　ミクシンスキーの 142
円柱関数 95
オイラーの公式 28
オイラーの定数 147
オイラー・ラグランジュの方程式 134
重み 106

か 行

解析関数 37
解析接続 35
解析的 29
確定特異点 82
重ね合わせの原理 73
カット 37
関数 5
慣性系 56
慣性の法則 55
完全直交系 110
完全微分方程式 68
ガンマ関数 38
　　2倍公式 41
規格化定数 109
基本解 (線形偏微分方程式の) 138
基本解系 73
逆三角関数 4
球関数 131
求積法 63
境界値問題 104
極 32, 35
極大過剰決定系 125
近傍 32
鎖振り子 122
クライン・ゴルドン方程式 132
クレーローの微分方程式 70
クロネッカーのデルタ 43, 109
決定方程式 83
ケプラーの3法則 56
原始関数 16
交換関係 16
交換子 15
合成積 143

コーシーの主値　48
コーシーの積分表示　33
コーシーの定理　31
コーシー問題　125
コーシー・リーマンの微分方程式　30
固有関数　104
固有値　104
固有値問題　104
孤立特異点　32

さ 行

佐藤超関数　52
作用積分　134
作用素　14
三角関数　3
C^∞ 級　23
C^n 級　23
自己随伴微分方程式　105
次数 (多項式の)　1
指数関数　3
C^0 級　23
自然境界　37
自然対数　3
自然対数の底　3
シュヴァルツの超関数　44
収束半径　25
従属変数　5
常微分方程式　58
初等関数　4
真性特異点　36
随伴微分方程式　105
スケール変換　61
スツルム・リューヴィルの境界値問題　106
整関数　36
正規型 (微分方程式の)　58
正則　29
正の超関数　45

積分　16
積分因子　69, 72
積分可能条件　133
積分定数　16
積分表示　22
積分路　31
ゼータ関数　86
絶対収束　24
絶対値　27
線形演算　11
線形演算子　14
線形汎関数　44
線形微分方程式　73
全微分　11
測度　44

た 行

対数階微分　146
対数関数　3
代数関数　2
多項式　1
多重極　35
多重振り子　116
ダランベルシアン　132
ダランベール方程式　132
段差関数 (ヘヴィサイドの)　44
単純極　35
置換積分法　18
超越関数　2
超幾何関数　88
超幾何級数　88
超幾何微分方程式　86
直交多項式　114
ディガンマ関数　147
定数変化法　76
定積分　19
ティッチマーシュの定理　143
テイラー展開　24
テスト関数　45

デリヴェーション 14
デルタ関数 43
導関数 8
同次スケール変換 66
特異解 59
特異点 32
特殊解 59
独立変数 5
特解 59
ド・モアヴルの定理 28

な 行

ニュートンの運動方程式 57
ネイピアの定数 3
ネーターの定理 61
熱方程式 132
ノイマン関数 99

は 行

ハイゼンベルク方程式 151
パウリ行列 152
ハミルトニアン演算子 151
微係数 8
非正規型 (微分方程式の) 58
微積分学の基本定理 21
非同次線形微分方程式 75
微分 9
微分係数 8
微分商 8
微分方程式 57
フィボナッチ数列 26
複素共役 27
複素数階微分 145
複素平面 27
フックス型微分方程式 86
不定積分 16
部分積分法 18
フーリエ級数 111
フロベニウス法 85

ブロムウィッチ積分 141
分岐点 37
分数階微分 145
並進不変性 70
並進変換 61
べき級数 25
ベータ関数 40
ベッセル関数 95
ベッセルの微分方程式 95
偏角 27
変数分離型 65
偏微分 10
偏微分方程式 58, 124
変分原理 134
母関数 26
ポテンシャル・エネルギー 58

ま 行

マクローリン展開 25
無限小 9

や 行

有限部分 49
有理型関数 36
有理関数 2

ら 行

ライプニッツ規則 12
ラゲール多項式 100
ラゲールの微分方程式 99
ラプラシアン 127
ラプラスの微分方程式 127
ラプラス変換 140
力学的エネルギー 58
力学的エネルギーの保存則 58
リーマン・シート 37
リーマン積分 19
リーマンの微分方程式 87
リーマン面 37

リーマン・リューヴィル積分 146
リューヴィルの定理 36
リューヴィルの微分方程式 72
留数 36
留数定理 36
ルジャンドル関数 91
ルジャンドル多項式 93
ルジャンドルの微分方程式 91
ルベーグ積分 20
連続 6

連立微分方程式 59
ロドリーグの公式
　ラゲール多項式の 101
　ルジャンドル多項式の 93
ローラン展開 35
ロンスキアン 74
ロンスキー行列式 74

わ 行
Y 超関数 49

著者紹介
中西　襄（なかにし・のぼる）
プリンストン高等研究所，ブルックヘブン国立研究所を経て，京都大学数理解析研究所教授，現在は京都大学名誉教授．専門は素粒子物理学．1973年度仁科記念賞，2010年度素粒子メダルを受賞．主な著書に『ファインマン・ダイアグラム（パリティ物理学コース）』（丸善出版），『相対論的量子論（ブルーバックス）』（講談社），『場の量子論（新物理学シリーズ）』（培風館），『場と時空』（日本評論社）がある．

サイエンス・パレット 032
微分方程式 —— 物理的発想の解析学

	平成 28 年 10 月 15 日　発　　　行
	平成 30 年 7 月 10 日　第 2 刷発行

著作者　　中　西　　　襄

発行者　　池　田　和　博

発行所　　丸善出版株式会社
　　　　　〒101-0051 東京都千代田区神田神保町二丁目17番
　　　　　編集：電話 (03) 3512-3266／FAX (03) 3512-3272
　　　　　営業：電話 (03) 3512-3256／FAX (03) 3512-3270
　　　　　https://www.maruzen-publishing.co.jp

© Noboru Nakanishi, 2016

組版／中央印刷株式会社
印刷・製本／大日本印刷株式会社

ISBN 978-4-621-30077-0 C 3341　　　　　　Printed in Japan

本書の無断複写は著作権法上での例外を除き禁じられています．